AF294100

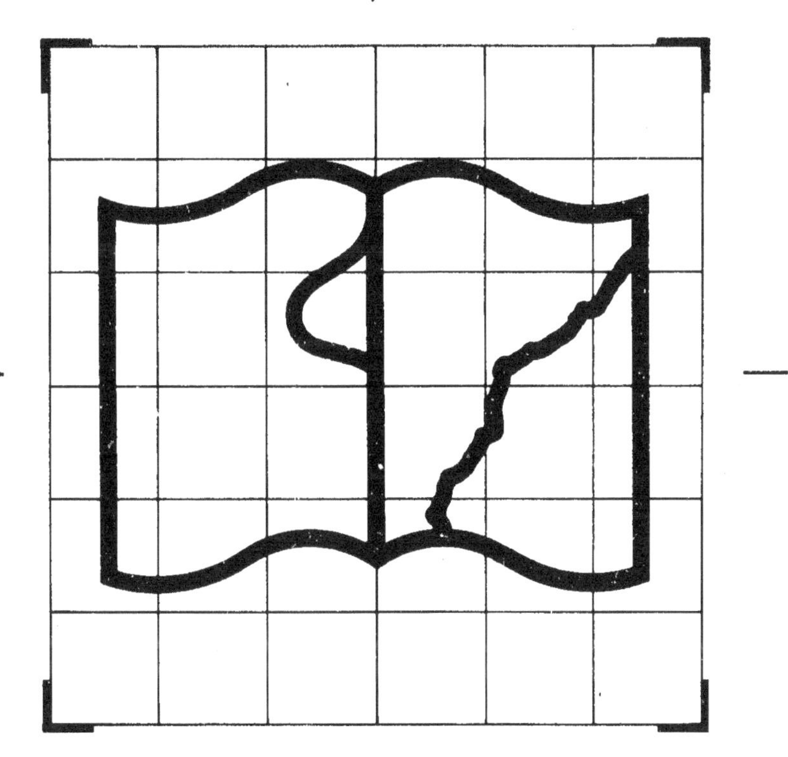

HISTOIRE SCIENTIFIQUE

DE L'ANNÉE 1888

5311. — ABBEVILLE, TYP. ET STÉR. A. RETAUX. — 1889

JEAN REY

HISTOIRE
SCIENTIFIQUE

DE L'ANNÉE 1888

PRÉFACE

DE DUBUT DE LAFOREST

PARIS

CAMILLE DALOU, ÉDITEUR

17, QUAI VOLTAIRE, 17

1889

A M. MARC DE ROSSIÉNY

Directeur du « Journal la Santé »

C'est à vous, mon cher Directeur, que je dédie ce volume. Si je n'avais été assuré de votre haut patronage, j'aurais volontiers laissé dormir dans l'oubli ces chroniques sans prétention : le lecteur usera un peu de votre indulgence, s'il perd, d'aventure, quelques heures à les parcourir. Compatriote de Montaigne, j'ai pensé qu'avec vous pour guide, je pouvais me conformer au vœu de celui qui disait : « *Je voudrais que chascun escrivit tout ce qu'il scait et autant qu'il en scait.* » De là ma témérité; de là, aussi, mon excuse.

Votre reconnaissant,

Jean REY.

Paris, 25 octobre 1888.

PRÉFACE

A JEAN REY

Auteur de « l'Histoire scientifique »

Mon cher Confrère,

Vous voulez mon opinion sur l'*Histoire scientifique*, et je n'hésite pas à répondre. Votre livre me plait beaucoup. Je lui trouve les rares mérites d'enseigner quelque chose sans en avoir l'air, de colorer d'aperçus ingénieux la statistique revêche, et d'embellir d'une pointe d'humour l'aridité des chiffres.

On vous suit volontiers autour d'un panorama bien éclairé, le panorama de la science moderne, depuis les travaux des Chevreul et des Pasteur jusqu'aux exercices des végétariens, en traversant notre régime alimentaire. Ici, vous observez « Toxicopolis » Paris, ville des poisons, et la méthode intelligente du chimiste remplace avantageusement les sociétés contre l'abus du tabac et de l'alcool. Toutes ces sociétés et leurs primes ne feront jamais diminuer d'un paquet de caporal ou d'un verre de troissix, la consommation ordinaire, car la nature nous pousse à désirer ce qu'on nous défend. Si un autocrate venait dire à ses sujets : « Moi, je fume et je bois ; buvez et fumez : je l'ordonne ! » le tyran ne serait point seul à fumer et à boire, mais nous verrions baisser les habitudes, en raison directe de l'obligation.

Mon cher Confrère, vous êtes un savant, et non un apôtre démodé ou un rêveur inutile ; vous ne criez pas dans le désert : « Prive-toi ; cela tue ! » Vous affirmez en pleine existence courante : « Prends garde ! Cela est mauvais, » — et vous envoyez le consommateur au Laboratoire municipal. Belle et saine logique.

Vous avez mené un double et curieux labeur ; vous honorez les vrais savants et vous dénoncez les mensonges de l'alimentation. J'aurais aimé discuter ces problèmes avec vous. — Ces problèmes de la vie et de la mort. L'heure me presse et je dois me resteindre à saluer votre premier livre dont je veux formuler la synthèse : chez nous, la science est comme la langue; il n'y a rien de pire ni de plus beau.

Veuillez agréer, mon cher Confrère, toutes mes bien vives félicitations,

DUBUT DE LAFOREST.

Paris, 16 février 1889.

CHAPITRE PREMIER

HISTOIRE DES SCIENCES. — M. PERREAUX DE L'ORNE. — SES INVENTIONS. — LES BATEAUX SOUS-MARINS.

Le nom des inventeurs est souvent inconnu du public. A quoi sert, en effet, d'être un grand savant, un habile inventeur, si l'on n'est pas un peu ce que Guy-Patin appelait *circulator*, c'est-à-dire un charlatan? Je sais bien que celui qui cultive la science la cultive pour elle-même, et non pas pour la gloire et les richesses qu'il en peut retirer. Aussi, sans m'étonner de notre indifférence marquée pour tous ceux qu'une vie de modestie et de travail a tenus loin de nos agitations stériles et énervantes, enfermés qu'ils étaient dans leurs ateliers ou dans leurs laboratoires à la recherche de quelques solutions de problèmes intéressant l'humanité, je ne puis m'empêcher de crier à mes contemporains le nom d'un de ces hommes, d'un de ces bienfaiteurs. Les quelques lignes que je consacrerai à cet inventeur serviront à établir l'histoire des sciences.

M. Perreaux est né le 18 février 1816, à Almenêches, dans l'Orne. Il appartient à une ancienne famille bourgeoise. Son grand-père était médecin ; venu à Paris suivre les cours de la rue de la Bûcherie, il sut, de retour dans son village, mériter l'estime et la confiance de ses concitoyens. De 1730 à 1772, il soigna gratuitement tous ceux qui réclamaient ses services ; c'est dire que, depuis sa réception de médecin jusqu'à sa mort, sa vie médicale ne fut qu'un long dévouement. Son fils, le père de l'ingénieur Perreaux, ne voulut pas suivre la carrière médicale. Malgré les conseils de ses amis, les observations de sa famille, il n'écouta que sa propre inspiration. Son goût le portait vers la mécanique. Avec ses ressources, il fonda un atelier où se fabriquaient des rouets à broches pour filatures diverses et cordages fins. Lui-même était à la fois son maître et son ouvrier. La vogue de ses appareils le récompensa de ses efforts. C'est dans l'atelier de ce père toujours occupé à chercher quelque invention, que l'ingénieur Perreaux passa ses premières années. Et ce n'est pas sans quelque joie, mêlée d'un noble orgueil, qu'il se rappelle les conseils et les exemples de ce père quand il songe à ses propres travaux. N'est-ce pas à son père qu'il doit toutes ses inventions ? Si, dès ses premiers pas, dès qu'il put à peine parler, il n'avait pas eu ce spectacle d'un atelier où les longues méditations se traduisaient par un labeur incessant, pense-t-il que, de lui-même, il serait devenu un maître dans son art? Cependant, à seize ans, il fut mis au collège de Sées qu'il quitta en entrant en sixième pour s'adonner à la mécanique. On raconte que Vaucanson construisit dans sa jeunesse une horloge en bois qui marquait exactement les heures. Le jeune Perreaux, imitant son illustre devancier fabriqua un fusil sous forme de canne-jonc. Cette canne-jonc prenait, par son ingénieuse disposition, la forme d'un fusil ordinaire; en s'allongeant pour démasquer le mécanisme, elle formait une crosse articulée permettant d'épauler. Dans l'intérieur, se trouvaient les amorces et six charges parfaitement divisées; comme les revolvers ou les fusils à répétition, dont on fait aujourd'hui si grand cas, elle pouvait lancer successivement six projectiles. On pouvait indifféremment charger cette arme par la culasse ou le haut de l'âme. Le mécanisme de la batterie se composait d'un chien à oreilles articulées, d'une détente se repliant sur elle-même et des six charges réunies. Lorsque la crosse était redressée, tout ce mécanisme disparaissait et faisait place à une canne ordinaire. Comme on le pense bien, cette invention d'un enfant ne passa pas inaperçue. Elle fit

1.

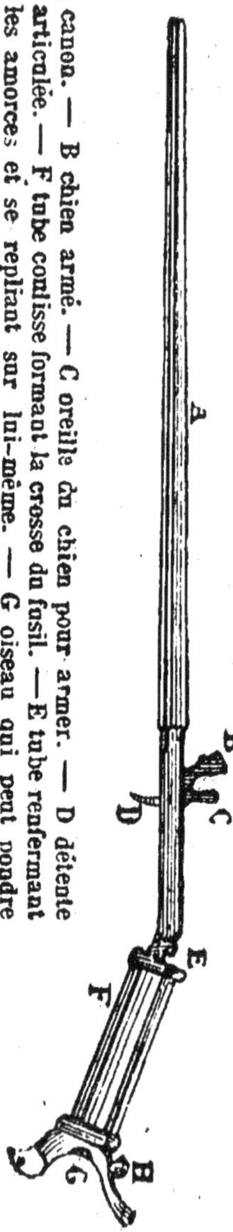

A canon. — B chien armé. — C oreille du chien pour armer. — D détente articulée. — F tube coulisse formant la crosse du fusil. — E tube renfermant les amorces et se repliant sur lui-même. — G oiseau qui peut pondre 6 balles et donner 6 charges de poudre par le bec, ce bec se dévissant et donnant la charge mesurée. — H balles retenues par un petit ressort.

du bruit dans son temps. Les journaux la célébrèrent en langage dithyrambique. Des ingénieurs, des mécaniciens vinrent l'admirer. Le jeune Perreaux, sur l'avis de ces hommes compétents, partit pour Paris. Recommandé à François Arago et à Odilon Barrot, la Chambre des Députés lui vota en 1836, grâce à la bienveillance de ses protecteurs, une bourse à l'École théorique et pratique de Châlons. La commission militaire que la Chambre avait nommée, chargée qu'elle était de peser les titres de ce jeune homme, fut frappée des avantages qu'on retirerait de son invention. Aussi, l'année suivante, 1837, on fit appliquer aux fusils de guerre le système d'amorces. Comme dans sa canne fusil, les capsules étaient placées dans un

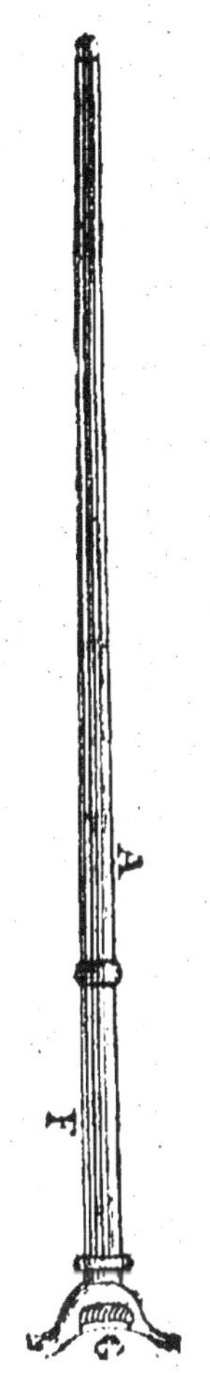

A canon. — Le tube-coulisse protégeant la batterie. — G petit oiseau formant poignée et l'épaulement renfermant les balles et la poudre.

long tube de petit diamètre situé parallèlement à la baguette et aboutissant à la sous-garde. Un ressort à boudin très faible les poussait au bout de ce tube, terminé en bec d'oiseau. Elles étaient ainsi plus facilement prises que dans la poche pratiquée à l'uniforme militaire et destinée à cet usage.

A sa sortie de Châlons en 1839, l'ingénieur Perreaux entra comme élève chez M. Gambey, membre de l'Institut des plus distingués, célèbre par ses instruments d'astronomie, sur la recommandation de M. Savary, professeur de mécanique l'Ecole polytechnique et membre de l'Institut. Durant les loisirs que lui laissaient ses nouvelles occupations, il construisit un bateau sous-marin à air comprimé, portant une roue à hélice à palettes mobiles. A cette époque, on ne croyait pas à l'avenir des bateaux sous-marins (1). Arago lui-même pensait qu'ils ne deviendraient jamais d'un grand secours. Tous les savants partageaient cette opinion. Devancer son siècle est chose dangereuse : témoin Galilée qui reprenant les idées de l'Allemand Nicolas Crebs, cardinal de Cusa et du Polonais Copernic, révéla la sphéricité de la terre et sa rotation et mérita par sa trop grande science d'encourir le châtiment que l'on

(1) Arago lui adressait le 25 août 1843, la lettre suivante au sujet d'un appareil présenté à l'Académie des sciences :

Mon cher monsieur Perreaux,

« Je crains que la commission ne puisse pas se réunir d'ici à lundi. Au reste vous devez être sans inquiétude sur le résultat ; le rapport sera très favorable. Tous vos commissaires m'assurent que votre vis est excellente. Vous aurez ainsi résolu un bien vieux problème d'une manière également sûre et ingénieuse.

« Vous savez combien je suis heureux de vous voir, enfin, vous lancer dans la carrière des constructeurs d'instruments de précision. De beaux succès vous y attendent. Ce n'est pas que je n'eusse apprécié l'esprit d'invention dont vous aviez fait preuve dans plusieurs de vos projets de machines; mais je persiste à croire que de pareils travaux auraient été actuellement pour vous, à cause de votre jeunesse, une source intarissable de chagrins. Vous y reviendrez plus tard. Avant de penser à de nouveaux bâteaux sous-marins, exécutez un grand et bel instrument pour l'observatoire de Paris.

« Comptez toujours, mon cher monsieur Perreaux, sur mes sentiments dévoués.

F. ARAGO.
Le 25 août, 1843.

sait ; témoin le marquis d'Argenson qui, dès le milieu du dix-huitième siècle, annonçant la prochaine invention des ballons, fut jugé par ses contemporains comme un homme aux idées chimériques. Peu s'en fallut que l'ingénieur Perreaux ne fût traité de rêveur. Qui oserait, aujourd'hui, douter de l'avenir des bateaux sous-marins? Le rêve d'hier ne s'est-il pas réalisé? Certes, les sciences physiques et mécaniques ne marchent pas toujours avec une vitesse égale dans une voie uniforme. La mécanique était en avance sur l'électricité. Ces deux sciences marchent maintenant ensemble. Aussi la navigation sous-marine montrera bientôt la puissance de l'intelligence humaine. Traçons l'historique de ces bateaux et exposons les différents perfectionnements qu'on leur a apportés. De cette façon l'œuvre de l'ingénieur Perreaux sera mieux jugée.

I. — *Historique des bateaux sous-marins.*

Remontons aux temps troublés du premier Empire. On connaît l'idée fixe de Napoléon : détruire l'Angleterre. Si on met le pied sur le sol anglais, notre ennemie héréditaire ne commande plus au monde!... mais il faut une flotte pour tenter la descente. La flotte trouvée, Napoléon apprend, à nos dépens, que la mer, elle aussi, conspire contre lui. Comment la vaincre ? Fulton, à cette époque, expérimentait, dans le port du Havre, des bateaux sous-marins. Napoléon songea à utiliser les inventions de cet Américain. L'idée de traverser la Manche sous les eaux, de se dérober aux vues de ses ennemis, plaisait à son génie aventureux et téméraire. Fulton encouragé, continua avec plus d'ardeur ses recherches. Enfin, après bien des essais, il parvint à faire mouvoir sous l'eau des embarcations sous-marines. Les vitesses obtenues étaient médiocres, à vrai dire. Ces embarcations se mouvaient à l'aide de la force musculaire de leurs équipages appliquée à des avirons. On les armait de gros canons courts, tels qu'on les fabriquait alors aux États-Unis sous le nom de *columbiades*. (1) Ces canons étaient placés sur le *mute* de l'embarcation et destinés à être tirés contre la carène des vaisseaux ennemis. Les frères Cœsin reprirent les expériences

---

(1) Les canons feraient explosion à une certaine profondeur. On serait obligé de les charger avec une grande quantité de poudre pour imprimer au projectile une vitesse initiale à laquelle l'incompressibilité de l'eau ferait obstacle.

En Amérique des bateaux de guerre sont armés de canons dont la bouche est située sous l'eau, à quelques mètres de profondeur.

de Fulton. Le succès ne répondit pas à leurs efforts ; les essais semblent avoir été interrompus, l'idée même abandonnée. Jusqu'en 1822, cette question reste dans l'enfance, aucun progrès ne s'accomplit. Il est juste de constater que les crises terribles qu'a traversées la France ont enrayé tout esprit de travail et de recherche. Ne nous étonnons donc pas si nous ne constatons aucun perfectionnement. A cette date (1824), un officier de la marine française, M. Mongéry proposa un nouveau modèle de construction. Peu de bruit fut mené autour de ce projet qui passa presque inaperçu. En 1842, l'ingénieur Perreaux reprenant le travail de ses devanciers, présenta à l'Académie des Sciences, dans sa séance du 28 mars, un bateau sous-marin construit avec une habileté merveilleuse. Les conceptions scientifiques qui avaient présidé à la construction de ce bateau surprenaient par leur grandeur et leur simplicité. C'était la première fois qu'un corps savant s'occupait officiellement de cette importante question. Environ quinze années plus tard, MM. Payerne et Bouët, le frère du contre-amiral, sacrifient leur fortune à la construction de bateaux rêvés par eux. L'impulsion donnée, les essais se succèdent rapidement. En 1858, le capitaine de vaisseau Bourgois et M. Brun, ingénieur de première classe, intéressent le Ministre de la Marine à des expériences commencées à Rochefort. Enfin, dès les premiers jours de l'année 1859, un Américain présente à l'examen de sir Baldmir Walker, directeur général des Constructions navales en Angleterre, un projet de bâtiment vraiment extraordinaire. Etudions, depuis 1842, les constructions réalisées sur le modèle proposé par ces expérimentateurs.

II

La condition essentielle pour progresser dans un art quelconque, c'est de connaître les travaux antérieurs relatifs à cet art. Le bateau présenté par M. Perreaux à l'Académie a été certainement, et sans contestation possible, le point de départ d'essais aussi nombreux que variés. Ceux qui sont venus après lui ont largement utilisé ses idées et ses résultats. Loin de nous la pensée de les blâmer. Mais il est du devoir du chercheur notant les progrès accomplis dans une branche de la science d'enregistrer scrupuleusement la part de chacun.

Le premier bateau sous-marin construit avec une méthode scientifique raisonnée est donc celui qui

fut présenté par M. Perreaux de l'Orne à l'Académie.
Ce bateau ressemblait à un poisson aux formes très
accentuées. Il pouvait s'enfoncer perpendiculai-
rement ou obliquement sous l'eau, se diriger à droite,
à gauche, en avant, en arrière, et, ce qui est plus
remarquable, naviguer à de grandes profondeurs

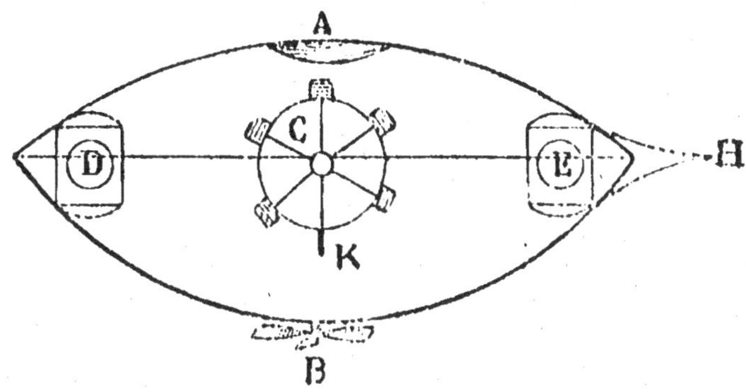

A trou d'homme pour l'entrée et sortie du bateau. — B hélice présentée
à l'Institut en 1842 pour faire monter ou descendre le bateau. —
C Roue à aubes dont une seule agit comme une rame et par un mécanisme
ne présente de surface que leur épaisseur, l'effet produit, voyez K.
— D et E chambre à plongeur se fermant en dedans du bateau et
s'ouvrant au dehors pour le plongeur. — H dard ou pic pour s'accro-
cher à un navire et le faire sauter.

sans diminution de vitesse. Les mouvements descendants et ascendants étaient produits par une roue à
hélice à palettes mobiles. Deux propulseurs différents
le dirigeaient ; l'un quand on montait ou descendait,
l'autre quand on changeait de place. Le moteur faisant
fonctionner les propulseurs était une machine à air
comprimé. Cet air alimentait ensuite l'équipage : on

s'en débarrassait par un tube cheminée à flotteur restreint lorsqu'il ne convenait plus à la respiration. A l'avant du bateau, on remarquait des trous d'hommes qui avaient l'apparence de tourelles. Dans l'esprit de M. Perreaux, ces tourelles donnaient passage à des plongeurs qui, munis d'un système respiratoire spécial, allaient découvrir les richesses englouties dans la mer.

Voila, certes, une idée hardie et féconde. Cette invention utilisée ou, tout au moins, l'idée mise en pratique, il y aurait déjà longtemps que la loi émise par M. Edouard Forbes se trouverait définitivement établie ou renversée. On sait que M. Edouard Forbes (1) avait remarqué, en pratiquant des dragages multipliés dans la mer Égée, puis dans d'autres parages, que le nombre des animaux vivant au fond de la mer décroît très rapidement à mesure que la profondeur des eaux augmente. On pensait donc que la vie est impossible dans les profondeurs de la mer. En 1861, le cable sous-marin posé entre l'île de Sardaigne et

(1) D'une communication faite à l'Académie des sciences dans le courant de l'année 1886, il résulte que la vie à une certaine profondeur est impossible. Entre 350 et 400 atmosphères la vie s'éteint. Donc l'idée émise par M. Forbes ne serait pas tout à fait erronée. Dans les parties les plus profondes de l'Océan, on ne rencontrerait nulle manifestation de la vie.

l'Algérie s'étant rompu, les ingénieurs voulant connaître la cause qui avait entraîné la rupture, s'efforcèrent de le relever en partie et de conserver, sans les détacher, les corps étrangers qui s'y trouvaient fixés. M. H. Mangon, membre de l'Institut, le trouvant incrusté d'animaux divers, remit à M. A Milne-Edwards des fragments de ce conducteur sous-marin pêché à une profondeur de 2000 à 2800 mètres. Ce fut une révélation. La vie était possible sous une pression de plus de 200 atmosphères et dans un milieu où la lumière ne doit pas pénétrer. Six ans plus tard, les sondages pratiqués par le *Harrler*, le *Blake*, le *Porc-Épic*, l'*Éclair*, le *Challenger*, etc., etc., et il y a quelques années par le *Travailleur*, et le *Talisman* confirmèrent l'opinion émise par le savant professeur du Muséum. Dans ces conditions, quels services utiles à la science ne rendraient pas les bateaux sous-marins munis de ces appareils si perfectionnés auxquels avait pensé M. Perreaux ! Je sais bien que les auteurs d'une innovation mesurent rarement les conséquences que l'avenir réserve à leur œuvre. Mais, enfin, il suffit de montrer la possibilité d'une pareille entreprise pour entrevoir aussitôt la grandeur des résultats.

L'Académie des Sciences nomma une commission

chargée d'examiner ce bateau sous-marin. Cette commission se composait de MM. Arago, amiral Beautemps-Baupré, amiral Roussin, général Robert et Séguier. Les expériences eurent lieu dans le bassin de la rue de Vaugirard. Le succès obtenu valut à l'inventeur les félicitations de l'amiral Roussin et l'amitié d'Arago. Ce grand électeur, comme l'appela Laplace dans un jour de colère, n'était pas seulement un grand cœur, mais encore un grand allumeur d'intelligences. Il admira la science de ce tout jeune homme, modeste dans son triomphe, ferme dans des idées qu'il croyait justes. L'amiral Roussin, lui, que la froideur de son caractère portait à moins d'enthousiasme, ne put s'empêcher de prédire que la roue à hélice à palettes mobiles dont était muni ce bateau aurait un immense succès. Cette mobilité des palettes, en inspirant les plus belles expériences sur la théorie de l'hélice, est le premier système de ce genre dont les sociétés savantes se soient entretenues (1).

(1) Frédéric-Sauvage et Charles Dallery (d'Amiens) se sont disputés l'invention de l'hélice à palette fixe. L'hélice telle que Sauvage l'avait construite au début, était conforme à la vis d'Archimède, c'est-à-dire à plusieurs pas : elle ne pouvait fonctionner. Quand Sauvage l'eut rendue mobile (1847 ou 1848) M. Perreaux protesta. Accompagné de M. Debain, représentant du peuple, il s'en alla trouver le fils Sauvage, sculpteur. Son

Telle est, rapidement faite, la description du premier bateau sous-marin vraiment digne de ce nom.

MM. Payerne et Bouet se sont surtout préoccupés du moteur le plus convenable au bateau sous-marin. Il ne fallait pas songer à la machine à vapeur ordinaire. Le procédé le plus usité pour obtenir dans les chaudières à vapeur l'oxygène propre à la combustion de la houille, consiste à faire passer un courant d'air dans les foyers au moyen du tirage de la cheminée ou de tout autre procédé équivalent. Le vaisseau sous-marin étant privé de toute communication avec l'atmosphère, la combustion ne s'opère plus de cette façon. M. Payerne a pensé qu'on surmonterait la difficulté en opérant la combustion en vase clos et en employant le combustible pourvu lui-même de son oxygène. Cette idée n'était pas pratique pour deux raisons : la première c'est que les produits

père était retenu en prison pour dettes contractées dans ses recherches sur l'hélice. Devant la douleur de ce fils, M. Perreaux n'osa pas revendiquer ses droits. Quoiqu'il en soit, les rapports de l'Académie, de la Société d'Encouragement et de la Marine prouvent que M. Perreaux est l'auteur indiscutable de cette *Idée mère*. Nous pouvons affirmer que jusqu'ici pas une objection n'a été soulevée pour en contrôler la primauté.

L'inventeur de l'hélice à palettes mobiles, est donc M. Perreaux.

gazeux qui auraient pu se répandre auraient gravement compromis la vie de l'équipage ; la seconde, c'est qu'un procédé aussi délicat, susceptible de ne pas fonctionner régulièrement, n'aurait pas offert une sécurité absolue et aurait présenté des dangers incessants.

Revenant à l'idée émise par l'ingénieur Perreaux, MM. Bourgois et Brun se proposèrent d'employer à la défense de nos ports des bateaux sous-marins mus par des machines à air comprimé. Comme lui, ils utilisaient à la respiration de l'équipage l'air qui avait produit son effet moteur. On expérimenta leur modèle au Conservatoire des Arts et Métiers. Les résultats obtenus décidèrent la commission à engager l'État à construire un bateau sur les plans proposés. Ce bateau, le *Plongeur*, fut lancé à Rochefort au mois de mai 1862. Il mesurait 44 mètres 50 de largeur; 3 mètres 60 de hauteur, son tirant d'eau était de 2 mètres 80. Le problème de l'immersion et de l'émersion facultatives a été résolu vers 1840 dans la cloche à plogeur. Veut-on monter ou descendre ? On a recours à l'introduction ou à l'expulsion de l'eau. Il en est de même dans le bateau sous-marin. Pour introduire l'eau, on laisse agir la pression de l'eau extérieure ; pour l'expulser, on se sert soit de la pression de l'air comprimé à l'avance dans les réservoirs intérieurs, soit de pompes à bras. La machine à air comprimé, par laquelle il se mouvait, représentait une force de 80 chevaux. Dans l'intérieur du bateau se trouvaient de vastes réservoirs : les uns servaient à la compression de l'air ; les autres étaient destinés à contenir l'eau nécessaire à l'immersion. Six millions furent dépensés en essais infructueux. Lassés, fatigués, découragés, les ingénieurs abandonnèrent tout projet de bateau sous-marin. Du reste, les hommes compétents le jugeaient impraticable. Tandis qu'en France les tentatives restaient infructueuses, en Angleterre, un Américain prenait un brevet et s'annonçait comme ayant vaincu toutes les difficultés. C'est là le propre des esprits audacieux, de profiter de toutes les découvertes et d'attirer sur eux l'attention de tous. Son bateau avait la forme d'un marsouin. Il pouvait contenir 8, 10, 15 hommes. Cet inventeur prétendait être en mesure : 1° de séjourner sous l'eau pendant un certain nombre d'heures avec son bateau monté par deux hommes sans avoir besoin de tubes ou de cloches, ou de tout autre appareil aboutissant à la surface pour lui amener de l'air ; 2° de faire plonger presque instantanément son bateau et de le faire remonter presque aussi promptement à la surface. Ce système de bateau fut expérimenté dans le lac Michigan où l'inventeur prétendait lui avoir donné une vitesse de trois milles à l'heure. Il pénétrait aussi dans un port et l'explorait sous toute son étendue. Or, nous savons que, dans nos climats, l'eau de la mer est très opaque ; les objets qui y sont plongés ne nous apparaissent pas très nets à quelques mètres de distance. L'Américain se servait d'un tube arrivant à la surface de l'eau d'un demi-pouce de diamètre : c'était probablement pour transmettre à l'intérieur du bateau avec des miroirs ou des lentilles, les images des objets extérieurs rendus invisibles par l'opacité de l'eau. Ici se présente une objection. Comment l'extrémité du tube se maintiendra-t-elle à fleur d'eau ? La densité de l'eau varie très peu avec la profondeur en raison de son incompressibilité. Donc, on obtiendra très difficilement l'état d'équilibre d'un vaisseau sous-marin à une profondeur déterminée. De plus, son mouvement horizontal de translation se compliquera nécessairement d'oscillations verticales rendant très difficiles le maintien du tube à fleur d'eau. L'Américain fut déçu dans ses espérances, démenti dans ses affirmations. En Angleterre comme en France, les illusions se dissipèrent. La réalité brutale montra que l'heure des bateaux sous-marins n'était pas encore venue (1).

Cependant ces diverses tentatives malheureuses suivies par tous les marins, avec passion par les uns, avec scepticisme par les autres, — éternelle lutte de l'esprit d'immobilité contre l'esprit de progrès, — ont été utilisés par Jules Verne dans deux de ses ouvrages : *Vingt mille lieues sous les mers* et *l'Ile mystérieuse*. Ce romancier scientifique a remplacé dans son vaisseau sous-marin

(1) L'heure aurait-elle maintenant sonné ?

Il y a quelques années les expériences de Nordenfield attirèrent l'attention des ingénieurs du monde entier.

Au mois de novembre 1888, dans le port de Toulon, on a expérimenté *le Gymnote*, bateau sous-marin, construit sur des données nouvelles. « Les échecs antérieurs, dit le Compte-Rendu de l'Académie, tenaient moins à des erreurs importantes de principe qu'à l'insuccès des détails importants, que les immenses progrès de la mécanique navale permettent actuellement de réaliser sans mécompte. » En effet, aujourd'hui on construit des réservoirs en acier très légers et très forts ; on a des pompes qui peuvent y emmagasiner de l'air à 100 atmosphères ou bien on a une puissance d'origine électrique. L'air est comprimé à 100 atmosphères au lieu de 10 comme autrefois dans le même volume. Le rayon d'action est donc 10 fois plus grand.

Dans *le Gymnote* le moteur est l'électricité emmagasinée dans des accumulateurs. Pour une même puissance le poids du moteur et des accessoires est sensiblement le même avec l'électricité qu'avec l'air comprimé à 100 atmosphères.

Ces dernières expériences ont donné les plus sérieux résultats.

le Nautilus, le moteur à air comprimé par l'électricité. L'électricité est l'âme des appareils mécaniques qui font manœuvrer le vaisseau commandé par le capitaine Nemo. Si la fantaisie se mêle à la science, nous disons néanmoins que M. Jules Verne a très bien résumé les progrès accomplis jusqu'ici dans ces bateaux. Nous ne lui adressons qu'un reproche : pourquoi a-t-il attribué à un étranger une invention née en France, perfectionnée et expérimentée par des savants français. Altérer la vérité historique n'est permis à personne. M. Jules Verne qui instruit en amusant aurait dû se souvenir qu'il est à la fois historien et savant.

III

M. Jules Simon, dans son éloge de Louis-Reybaud a écrit ceci : « Il suffit de savoir un peu l'histoire de l'esprit humain pour trouver des ancêtres à toutes les découvertes. La grande gloire n'est pas d'inventer, mais de réaliser. Celui qui énonce une idée en passant et l'abandonne est moins grand que celui qui la recueille et la fait vivre. » Ce reproche ne saurait 'adresser à M. Perreaux de l'Orne. Le premier, il a l'idée de construire un bateau sous-marin avec des hélices à palettes mobiles ; il fait vivre cette idée, si j'ose ainsi m'exprimer, et, confiant dans son succès, il laisse au ministère de la Marine le soin d'utiliser son œuvre. Les plans restent enfermés dans les cartons sur lesquels la poussière s'accumule pendant dix-sept ans, jusqu'au jour où MM. Bourgois et Brun les découvrent. Voilà la vérité. L'année dernière, dans une communication faite à l'Académie des Sciences par l'amiral Pâris au nom de M. Zédé, on n'a pas daigné se souvenir de l'ingénieur Perreaux, bien qu'on ait rappelé les noms du capitaine de vaisseau Bourgois, de M. Brun, de Dupuy-de-Lôme. Pourquoi cette omission intéressée ? Est-ce parce que M. Perreaux n'appartient pas au corps des ingénieurs de la marine ? Quoi qu'il en soit, et en dépit de l'esprit d'envie et de jalousie, M. Perreaux restera le premier inventeur des bateaux sous-marins. Justice lui est aujourd'hui rendue. Le *sic vos non vobis...* ne doit pas être vrai. Et, quoi que M. Jules Simon puisse prétendre, la gloire d'inventer n'est pas inférieure à celle de réaliser parce que, si d'un côté, il faut le génie, de l'autre la richesse et la volonté sont seules suffisantes. Mais la volonté et le génie ne vont-ils pas souvent tous les deux ensemble ! N'avons-nous pas d'exemples d'hommes énergiques vaincus dans la lutte contre la routine et n'ayant jamais pu faire triompher leur invention ? M. Jules Simon pense-t-il que ceux qui ont réalisé les inventions de ces hommes-là peuvent s'attribuer pour eux toute la gloire ? Ignore-t-il que les corporations sont toutes puissantes et que chacune d'elles reprend pour son compte le fameux adage : « Hors de notre église, point de salut ». Nous disons donc à notre tour et plus justement, que la grande gloire n'est pas de réaliser, mais d'inventer.

DÉCOUVERTES ET INVENTIONS DE M. PERREAUX.

1836. — Nommé élève pensionnaire, aux frais de l'État, par la Chambre des Députés, pour la *Première arme feu à six coups portant ses amorces et pouvant ses charger par la culasse.*

1840. — *Bateau sous-marin, à air comprimé, portant une roue à hélice à palettes mobiles,* principe théorique, indiquant l'angle le plus convenable des palettes pour telle ou telle forme de navire.

1841. — *Premier système de fermeture à coulisse ou vannes,* pour boutiques et magasins, appliqué en 1841 rue Monsieur-le-Prince, 16, invention si répandue aujourd'hui en Europe, à cause des services qu'elle rend à l'industrie.

1842. — *Éolipyle à vapeur* distillant les gaz pour chauffage d'appareil.

1843. — *Machine à diviser la ligne droite et la ligne circulaire.*

1848. — *Sphéromètre à pieds,* mobile et à levier mesurant $\dfrac{1}{4000}$ de m/m.

1850. — *Cathétomètre* mesurant $\dfrac{1}{200}$ de m/m.

1855. — *Soupapes à valvules en caoutchouc* pour pompes agricoles,, papeteries et arrosages.

1862. — *Horloge sablière* se composant de 2 roues seulement.

1867. — *Machine micrométrique automatique,* pouvant diviser le millimètre en 1500 parties.

1867. — *Tente militaire sans mât ni cordages,* évitant le rayonnement solaire et réduite à pouvoir se monter sans piquets.

1870. — *Tricycle et vélocipède à vapeur* portant un homme vitesse de 4 à 6 lieues à l'heure.

1872. — *Découverte sur la vapeur* permettant la conversion de la chaleur en force.

1878. — *Lois de l'Univers, Principe de la Création.*
Ouvrages en deux volumes, prouvant que deux forces opposées régissent les sciences physiques et gouvernent le monde en vertu de ces lois extrêmes.

CHAPITRE II

L'ALIMENTATION VÉGÉTARIENNE.

L'homme de science a parfois
les yeux obscurcis par les fausses
images de ses passions.
BACON.

Le végétarisme compte en France quelques partisans. Celui qui, le premier, l'a prôné est Ceïrès, né en 1793, mort en 1843 dans le Tarn. Il a publié un ouvrage intitulé : *Le Christianisme expliqué par le végétarisme* (1830). L'école végétarienne française le reconnaît pour son chef primitif. De nos jours, le docteur Bonnejoy (du Vexin) est le chef incontesté de cette école. Par ses conférences, par ses brochures, il répand la bonne parole. C'est l'apôtre saint Jean prêchant dans le désert. En Allemagne, l'ouvrage le plus important écrit sur cette question est d'un pasteur protestant le P. Baltyer. « *Le Végétarisme dans la Bible* est un ouvrage qui, après avoir eu plusieurs éditions dans sa contrée va bientôt avoir les honneurs d'une traduction en français. » Je ne sais si cet ouvrage aura du succès; j'en doute. Quand on vante le végétarisme, il ne faut pas aller chercher des arguments en sa faveur ni dans l'Évangile. ni dans la Bible. De nos jours, cela fait sourire même les plus crédules et donne une piètre idée de l'imagination des végétariens. Cependant pour que le P. Baltyer ait trouvé dans la Bible les sources du végétarisme, il faut qu'il ait suivi l'idée de cet oratorien du dix-huitième siècle, prétendant que l'esprit de la Genèse n'était bien saisi que si on la lisait à rebours. Peut-être même, comme le voulait le Hollandais Cocceius, a-t-il interprété les mots et les phrases de l'Ecriture dans tous les sens dont ils sont susceptibles, parce qu'ils signifient tout ce qu'ils peuvent signifier. L'amour de la théologie n'a-t-il pas conduit et ne conduit-il pas chaque jour bon nombre de gens à déraisonner? Mais qu'entend-on par *végétarisme?* Déclarons, tout d'abord, que si les *végétariens* sont d'accord sur la doctrine, ils ne le sont pas sur le mot. La doctrine végétarienne consiste à se nourrir avec les végétaux et les produits des animaux, tels que œufs, lait, etc...; elle rejette impitoyablement la chair d'un animal quelconque.

Parmi les partisans de cette doctrine, les uns tiennent pour le mot *frugalien*, les autres pour celui de *chalysien*, parce que les *chalysies* étaient chez les Grecs les fêtes de Cérès. Pour nous entendre dans tout ce verbiage, nous adopterons, comme le veut le docteur Bonnejoy, le mot *végétarien*. Un des principes de cette école consiste à fabriquer soi-même ses aliments, ce qui est le « seul moyen de les avoir vraiment purs ». Sans qu'il soit besoin d'insister sur l'impossibilité matérielle où on se trouverait, si l'on voulait suivre dans les villes les principes de cette doctrine, nous avons pensé qu'il fallait mettre en demeure son chef de nous éclairer sur ses bienfaits. Une discussion s'est engagée : nous la donnons tout entière dans ses parties les plus importantes.

A Monsieur le docteur Bonnejoy (du Vexin).

« Monsieur,

« Vous poursuivez, avec une opiniâtreté qui n'a d'égale que votre insuccès, une campagne en faveur d'une alimentation exclusivement végétarienne. Je me souviens, si d'aventure ma mémoire est fidèle, d'un certain banquet offert par vous aux représentants les plus autorisés de la presse scientifique. Le

potage aux herbes remplaça le traditionnel consommé; les lentilles, si estimées d'Ésaü, revinrent
sur votre table accommodées à toutes les sauces,
tout comme autrefois le philosophe Ésope se vengea
spirituellement de je ne sais plus quel grand person-
nage, en lui servant, comme entrée et comme rôti
une variété de langues à la sauce piquante. Je dois
cependant à la vérité de dire que votre banquet l'em-
porta sur celui du philosophe grec, d'abord par l'esprit qu'on y dépensa, ensuite par la saveur des vins
que vous fîtes malignement déguster à vos convives.
Sans bien comprendre les raisons qui vous poussent
à prôner l'alimentation végétarienne, — et vous devez
en avoir de sérieuses, — j'admire vos efforts d'apôtre
convaincu... peut-être. Votre mission est délicate et
difficile. Vous devez, sans doute, regretter le temps
où l'homme sur la terre se nourrissait selon vos
lois. Mais quoi ! tout en regrettant ces temps heureux et en espérant leur retour, vous vous êtes dit à
vous-même, comme Hamlet : « Notre époque est
» détraquée. Maudite fatalité que je sois né pour la
» remettre en ordre ! »

« Eh bien ! vous semez courageusement vos idées
sur une terre ingrate et, comme tous les grands
réformateurs, vous récoltez aujourd'hui le mauvais

grain. Je me propose de combattre vos théories, de dissiper votre rêve, et de vous contraindre à servir sur votre table un bon souper d'où vous n'exclurez pas, à l'avenir, le rôti.

« Tout d'abord, je dis ceci : la santé de l'homme est en raison directe de la quantité et de la qualité de nourriture consommée. Comme médecin, vous visitez chaque jour les ménages ouvriers. Vous constatez que les épidémies de toutes sortes font des ravages d'autant plus considérables dans les milieux pauvres que la nourriture y est moins substantielle. Et, vraiment, peut-il en être autrement? L'épidémie sévissant sur des organismes affaiblis, détériorés, le mal progresse rapidement: fatalement, la résistance étant moindre, la mort s'ensuit. L'individu bien nourri, chez lequel s'est accumulée de l'énergie potentielle, résiste davantage. Ce sont des considérations sur lesquelles je n'ai pas besoin d'insister. Comme savant, vous connaissez les expériences de M. Sanson sur la chaleur animale, les travaux de M. Hirn, et ceux du professeur Gautier, du professeur Ch. Richet sur le même sujet. C'est en m'appuyant sur les expériences de ces savants que je me déclare l'adversaire intransigeant de l'alimentation végétarienne.

« En effet, on a défini la vie un phénomène de mouvement. Le mouvement est dû à de la chaleur convertie en force dynamique. Ainsi tout acte intellectuel correspond à une certaine activité chimique, à une certaine action thermique ; touté contraction musculaire répond à une consommation d'oxygène, une production d'acide carbonique et un dégagement de chaleur. Cette énergie dépensée par le travail musculaire provient à la fois des albuminoïdes, des hydrates de carbone et des matières grasses. Lorsque l'énergie dépensée n'est pas en rapport avec l'énergie introduite par les aliments, le corps animal s'amaigrit et diminue de poids. La graisse en réserve est brûlée ; les muscles s'émacient lentement.

« Lorsque, dans votre cabinet de travail, plongé dans vos réflexions et vos recherches, vous donnez à votre esprit une contention plus grande, on pourrait évaluer ce qu'il y a de mécanique dans votre travail de penseur. « Ces effets, considérés comme pu-
« rement moraux, ont quelque chose de physique et
« de matériel qui permet, sous ce rapport, de les
« comparer avec ceux que fait l'homme de peine. Ce
« n'est donc pas sans quelque justesse que la langue
« française a confondu, sous la dénomination com—

« mune de *travail*, les efforts de l'esprit comme
« ceux du corps, le travail du cabinet et le travail du
« mercenaire. » L'opinion de Lavoisier est partagée
par tous les physiologistes. Donc, le travail intellectuel et le travail musculaire correspondent à une
certaine dépense de forces physico-chimiques. Ce
travail est alimenté par de l'énergie potentielle et
non par de l'énergie actuelle, c'est-à-dire que ce sont
les albuminoïdes, les hydrates de carbone et les
matières grasses qui servent à entretenir et à produire ce travail. Examinons comment ces trois
groupes de principes immédiats se fixent dans l'organisme.

« Les albumoïdes constituants des éléments musculaires sont sans cesse détruits et sans cesse recons-
titués par la nutrition. Les corps qui en résultent et
dont le dernier terme est l'urée appartiennent comme
vous le savez, à la catégorie de ceux que M. Berthelot a appelés exothermiques.

« Les hydrates de carbone sont fabriqués, disent
certains physiologistes, dans le foie. Il serait plus
rationnel d'admettre qu'ils sont dus à l'alimentation
végétale ou animale qui en renferme des quantités
considérables.

« Quant aux graisses, soit qu'elles se fabriquent

par synthèse, ou qu'elles soient introduites directement, le travail extérieur devenant plus intensif, leurs dépôts en réserve dans le tissu conjonctif sous-cutané diminuent.

« Ainsi ces trois groupes de principes immédiats sont des sources d'énergie dans l'organisme animal. Ils alimentent à la fois le travail musculaire, intellectuel, et la température du corps qui perd sans cesse de la chaleur par le rayonnement. Si l'alimentation ne compense pas ces pertes, elle sera mauvaise. Les végétaux étant insuffisants pour les réparer, votre théorie, monsieur, restera pour nous une utopie. Vous êtes trop philosophe pour ne pas vous en consoler et trop aimable pour ne pas me pardonner de vous avoir dessilé les yeux.

« J'ai dit que les végétaux ne suffisaient pas à notre alimentation. Je le démontre. La ration d'entretien capable de compenser les pertes a été évaluée, dans les conditions ordinaires, aux quantités suivantes pour vingt-quatre heures :

Eau......................	2,816 gr.
Principes minéraux........	32
Albuminoïdes.............	120
Graisse..................	90
Hydrocarbonés	300
	3,338 gr.

« Les substances alimentaires d'origine végétale donnent la composition suivante :

Eau	137 gr.
Albuminoïdes	234
Hydrocarbonés	569
Extractif	18
Graisses.....................	20
Sels	22
	1,000 gr.

« Ces substances sont trop riches en albumoïdes et trop pauvres en graisse et en sels. Pour rétablir l'équilibre, il nous faudrait en ingérer une quantité qui dépasserait la faculté digestive de l'organisme. Il est donc nécessaire de faire intervenir dans l'alimentation un certain nombre de substances diverses viande, végétaux, poissons, etc...de façon à retrouver les proportions voulues de substances minérales, d'hydrates de carbone, de graisses, d'albuminoïdes, éliminés par les diverses voies d'excrétion.

Certes les végétaux concourent utilement à notre alimentation, mais leur usage exclusif est nuisible, d'abord parce qu'il est nécessaire d'en consommer une quantité élevée (1) pour compenser les pertes,

(1). Chez les paysans, dilatation fréquente de l'estomac et troubles dyspeptiques, à la suite du grand volume d'aliments (soupe, légumes), qu'ils sont obligés d'ingérer.

ensuite parce qu'on n'obtient jamais une alimentation complète malgré le volume ingéré. Ainsi, veut-
on s'entretenir avec des pommes de terre, des haricots ou des lentilles ? il faut absorber :

Pour 110 grammes d'albumoïdes :

Lentilles................... 453 gr.
Haricots................... 531
Pommes de terre.......... 9,230

Pour 420 grammes d'hydrates de carbone :

Lentiles.................... 693 gr.
Haricots................... 753
Pommes de terre........... 1,751

« Pour obtenir une alimentation complète, il faudrait absorber 9 kilogrammes de pommes de terre en
se nourrissant exclusivement avec ce tubercule(1).
Pour se nourrir avec la viande seule, 2 kilogrammes
seraient nésessaires. J'ai remarqué que dans les
campagnes où l'usage des corps gras, de la viande,
n'était pas en honneur, l'alcool était consommé en

(1) M. Keller a trouvé dans cent parties de cendres de viande
calcinée :

Acide phosphorique 37
Potasse............... 46
Terres et oxydes de fer. 6
Acide sulfurique......... 3
Chlorure de potassium ... 14

assez grande quantité. Cela ne m'a point surpris. Le campagnard se livrant aux rudes travaux des champs dépense beaucoup de forces ; la nourriture ne compensant pas les pertes, l'infortuné est obligé de demander à l'alcool une vigueur factice, véritable feu de paille. Dans les recherches auxquelles je me suis livré sur l'alcoolisme, j'ai constaté que cette maladie sévit de préférence dans les milieux pauvres. C'est aussi l'opinion du Dr Schalas et d'un économiste distingué, M. Yves Guyot.

« Ainsi, monsieur, pour ne vous citer qu'un exemple entre mille, faisons ensemble un voyage en Suisse.

« Nous sommes arrivés dans le canton de Neufchâtel, à Travers, à la Chaux-de-Fonds. Parcourons les communes, les villages. Là, le paysan est sobre ; l'alcool est délaissé. Du reste, il ne sent pas le besoin de réparer ses forces. Sa nourriture est abondante : il consomme en moyenne, chaque jour, 300 grammes de viande, avec du lait, du fromage, du bon pain. Continuons notre chemin : la bonne impression que nous ressentons encore va s'effacer maintenant. Nous voilà dans le canton de Berne : parcourez les villages, entrez dans les maisons, et voyez le visage hébété des uns, le tremblement significatif des

autres, l'inertie et la misère de tous ! Ici, la viande,
les corps gras, manquent aux repas. La pomme de
terre (1) et l'alcool, voilà toute l'alimentation. Même
tableau dans le canton de Vaud, dans l'Oberhaagle,
dans les petits cantons. Et maintenant dites-moi si
dans cette Suisse pittoresque, aux sites admirables,
vous ne songez pas, malgré vous à ces vers du poète
qui semble se rire de ces infortunés :

> O Fortunatos nimium sua si bona norint
> Agricolas !

« La variété dans l'alimentation est nécessaire pour
conserver la santé, la vigueur, l'énergie. Mais vous
ne pouvez, vous ne devez pas exclure systématique-
ment la viande parce qu'elle renferme sous un
faible volume des substances azotées et non azotées
dont le rôle essentiel est d'entrer dans la constitution
même des tissus et de fournir l'énergie musculaire.
Comme le corps est dans un état incessant de muta-
tion, l'alimentation doit se rapprocher, par la variété

(1) Les aliments féculents font croître la ventilation et l'absorption d'oxygène et surtout la production de Co^2. Les repas de
viandes influent très peu au contraire sur les échanges gazeux
respiratoires et la ventilation.

A. des Sciences.
C. R. 6-13 février 1888.

des substances, des principes indiqués dans la ration d'entretien.

« Telles sont, monsieur, les réflexions que je vous soumets. Pour être complet, j'aurais encore beaucoup à ajouter. Le sujet est vaste et se prête bien à la discussion. Ces quelques considérations ne suffiront peut-être pas pour vous convertir à mes idées. Comme par le passé, vous continuerez à défendre l'alimentation végétarienne, malgré ses dangers. Cependant, si j'avais pu vous décider, pour les banquets futurs, à faire servir sur votre table le rôti doré qu'on arroserait avec votre vin vieux, j'aurais contraint vos convives, — j'en suis sûr, — à mieux apprécier encore la délicatesse de vos crus, la sûreté de votre palais et la sagesse de vos choix. »

Le docteur Bonnefoy ne pouvait qu'accepter la lutte. Après avoir soigneusement acéré sa plume et médité à nouveau sur une question qu'il médite tous les jours davantage, il m'écrivit l'épître suivante :

LE VÉGÉTARISME RATIONNEL

A Monsieur Jean Rey.

« Bien que vous ne fassiez point connaître à nos lecteurs si vous êtes un confrère en doctorat, auquel cas vos arguments mériteraient une plus sérieuse attention ; je veux néanmoins, pour leur édification, les réfuter brièvement, parce que, de cette discussion, ne peut que « iaillir la lumière. »

« Tout d'abord, je vous arrête au premier mot, eh ! que savez-vous, monsieur, si je rencontre « l'insuccès » ? Je vous assure qu'il n'en est rien, et que je suis en rapport avec bien des adeptes du végétarisme tant à Paris qu'en France ou à l'étranger — Puis, si votre mémoire est « fidèle », quant au fait nu du repas végétarien d'août dernier, elle ne vous fait point honneur, quant à son menu, à votre cerveau tout bondé de nécrophagisme « intransigeant » comme vous l'avouez après... il n'y avait point de potage, même « aux herbes » ni de lentilles, etc... Voyez plutôt le n° 33, du 15 août 1886, auquel je renvoie pour plus ample explication.

« Une condition capitale pour le végétarisme que j'appelle « rationnel », — en opposition avec le V. « sectaire », c'est d'employer, à l'alimentation, des produits absolument purs de toute falsification ou adultération ; l'usage modéré du vrai vin comme léger stimulant] au dessert, ou en cas de réception d'amis, n'a rien qui lui soit contraire. Mais la condition susdite est absolue : et c'est pourquoi j'en fis servir à mes convives pour profiter d'une occasion, bien rare aujourd'hui, de leur faire apprécier ce que c'était que les vins d'autrefois. Aujourd'hui, même, les vins naturels ne se conservent, au dire des œnologues, pas plus de dix ans!!!

« C'est un spectacle bien singulier, mais instructif, de voir comment on est apprécié des nécrophages tout imbibés des molécules d'animaux essentiellement faux, trigauds, sournois, etc., ce qui se peint dans leur regard torve et hagard. Ces nécrophages ne peuvent pas croire à la sincérité ni à la bonne foi : toujours ils supposent une arrière-pensée, anti-loyale ou autre... quelle aberration ! C'est bien remarquable, monsieur, je vous l'assure, cette déviation de la nature et cette influence des matériaux avec lesquels on entretient et répare l'homme, sur ses idées elles-mêmes.

« Mais vous devez bien penser que moi, qui ai déjà vingt-cinq ans de pratique médicale, je connais et ai pesé dans mon esprit et par l'expérience, ces analyses de cabinet, ces théories mathématiques, etc., qui n'ont qu'un seul défaut : celui de vouloir considérer l'homme, cet être « ondoyant et

« divers », comme une machine à qui l'on donne tant de kilogrammes de charbon pour produire une force donnée. Je m'incline devant la science profonde de leurs auteurs, mais je crois que les lois de la vie se préoccupent peu de leurs raisonnements qu'elles contredisent à chaque instant.

« C'est vous dire que j'ai bien peur que l'« insuccès » ne soit de votre côté quand vous voulez me « contraindre à servir sur ma table un souper « avec rôti ». Ce n'est que l'expérience et le raisonnement qui m'ont fait quitter le nécrophagisme, et il serait tout à fait anormal que je revinsse à une théorie démontrée fausse par l'évolution et la maturité de l'esprit. D'ailleurs, en outre de mon dégoût raisonné, il y a maintenant chez moi un physique qui me fait rejeter le cadavre, quoique « rôti « ou même assaisonné »; lorsque, par hasard ou expérience, je me trouve devoir l'introduire dans mon estomac : fonctionnant parfaitement, mais qui, alors, manifeste son « intransigeance » par les symptômes habituels...

« Certes, je ne tomberai pas dans le même travers, et je n'ai nullement une prétention analogue à la vôtre. Je me contente de me trouver en forces normales, et même rajeuni, de trente ans d'aveugle nécrophagie!

« Bien plus : vingt ans de séjour dans le « marais « humain » m'avaient donné une maladie rebelle que j'avais inutilement traitée par tous les poisons de la polypharmacie : eh bien! monsieur, c'est à l'emploi du végétarisme rationnel seul que je dois sa cessation complète, et c'est tellement vrai que lorsque, par hasard ou par force, je nécrophagie encore, elle me fait bien vite sentir qu'elle n'est pas loin et qu'elle reviendrait infailliblement si j'admettais de nouveau à mes soupers le rôti qui vous est cher.

« Vous n'exigez pas de moi, n'est-ce pas, un cours de végétarisme? Vous avez lu mes articles. Mais je protesterai seulement contre l'erreur commune qui fait de ce mot un synonyme de « nourriture végé- « tale » ou *vegétalisme*. Le végétarisme a, je l'ai dit plusieurs fois, une tout autre étymologie. Mais le « rationnel » que je préconise, est basé sur trois axiomes de pratique :

« 1° La force reconstituante de l'aliment réside là où la nature a mis la vie en puissance, c'est-à-dire dans les grains, les graines, les œufs, le lait, etc., et la viande n'est qu'un *caput mortuum* ayant déjà épuisé son cycle nutritif.

« 2° Pureté absolue, fraicheur et absence complète de falsification, de « tripotages » ou d'adultération des produits quels qu'ils soient.

« 3° *Poiein sauton* (grec), c'est-à-dire produire chez soi ces aliments, pour arriver au résultat ci-dessus.

« Le professeur G. Sée, dans son livre récent sur le « Régime alimentaire », prouve que les albuminoïdes végétaux sont identiques aux animaux, et vous savez que les premiers en sont bien plus riches. Je n'ai pas basé mon alimentation sur les calculs des hygiénistes en chambre. Mais je vous assure que, grâce à des conditions de vie spéciales, mais peu rares, en somme, qui me permettent d'appliquer à peu près strictement ces axiomes ; je vis normalement et avec peu de substances ; mais ces produits alimentaires sont dans les conditions ci-dessus ; elles sont parfaitement inconnues de vos « entassés » du « marais urbain microbique », troupeau misérablement livré sans défense à l'em-. poisonnement panspermique, aggravé de celui des fournisseurs de toute sorte : aussi, ces malheureux sont forcés de chercher un supplément d'alimentation où il n'y a qu'un nutritif peu riche, rapidement altérable par ces chaleurs, cause de maladies de toutes sortes et qui n'est supporté par l'économie que temporairement, à défaut d'autres, mais toujours à charge de minoration de la santé. « La viande « est un aliment, c'est incontestable, ai-je dit dans « mon livre : « Principes d'alimentation ration- « nelle », mais c'est un aliment mauvais et morbi- « gène, incapable d'entretenir seul la vie ». — Or, les nécrophages aveugles en font la base de la reconstitution humaine! Quelle folie!!!

« Vous êtes autochthone dudit « entassement » et cela influe sur vos idées. « Mais les paysans des Deux-Sèvres, de la Vienne, etc., m'écrit un correspondant, ne mangent que de la verdure, des œufs, du pain. De la viande de boucherie, point; de celle de porc ou de volailles, peu; ils vendent leur alcool, mais ne boivent, eux, qu'une piquette. En été, ils mangent des asperges, petits pois, etc., arrangés à des sauces variées, etc. — Cependant, c'est le moment, ou jamais, où l'homme se sent le plus affaibli par l'énorme quantité de sueur qu'il secrète. Il faut donc croire que cette nourriture végétale est plus que suffisante pour rétablir l'équilibre et permettre à l'homme le surcroît de travail imposé par la saison, toute de travaux des champs : celle des moissons. D'ailleurs peut-on dire que les herbivores meurent de consomption, etc., etc. »

« J'ai cédé la parole à mon correspondant ; mais je ferai remarquer que c'est une douce manie, particulière aux microbistes parisiens, de s'imaginer que leur cohue, leur genre de vie, leur diététique, leurs idées, etc., sont le summum du vrai, *le nec plus ultra*, etc. Tel savant, dans son cabinet, trouve qu'il faut absolument au travailleur une telle ration de viande : il légifère à ce sujet ; on l'admire... Puis on découvre qu'il n'y a que les Parisiens de cet avis ; que d'autres, qui ne peuvent point payer tant de biftecks, s'en accommodent parfaitement, vivent mieux et font des travaux bien plus forts que les « sublimes » de la capitale avec leur viandaillerie outrancière et préconisée des savantasses de laboratoire.

« Si je vous citais mon exemple, je vous dirais que, sans cheval ni voiture, je suffis à cinquante-six ans, aux fatigues d'une pratique rurale qui s'étend parfois à plusieurs lieues, alors que des confrères voisins, jeunes et bien montés, mais aveuglés comme vous, ont péri à la tâche, et ce, après vingt ans de microbisme du « marais urbain ». J'eusse fait comme eux si je n'eusse raisonné mon alimentation.

« Les soi-disant « dangers » de l'alimentation

végétarienne, vous voyez où ils sont. Il n'existent pas avec mon système; et je continuerai à prêcher d'exemple. Je vous eusse même, si je vous avais alors connu, invité à assister à la « réfection végéta-« rienne » de l'an dernier... peut-être alors eussiez-vous partagé l'étonnement des convives de manger comme quatre, puis de digérer parfaitement avec réconfort. Peut-être aussi la « reconnaissance de « l'estomac », eût-elle empêché les fumées nécrophagiques d'obscurcir votre mémoire... Mais, sans doute, ce n'est que partie remise.

« Les faits démentent les théories de cabinet; mais l'alcool n'est qu'un coup de fouet, qui arrête, d'une manière factice, le sentiment de la faim. De là, sa grande consommation chez les ouvriers et certains paysans. Mais en Suisse, précisément, on a remarqué que le végétarisme s'oppose à l'alcoolisme lequel est un fruit de la nécrophagie des mieux prouves.

« En résumé, et sans vouloir dogmatiser, je dirai qu'il est loisible à quiconque et partout, de faire du mauvais végétarisme et même de s'appuyer là-dessus pour en contredire la théorie; — mais n'en fait pas qui veut, ni où il veut, du vrai, du bon et du curatif.

« Le Dr BONNEJOY,

(du Vexin). »

Cette réponse ne me désarma point. J'avoue à ma honte que les arguments exposés dans cette lettre me parurent très peu concluants. Le végétarisme ne pouvait-il donc invoquer en sa faveur aucun argument sérieux ? Avant la réponse du docteur Bonnejoy j'avais quelques doutes. Puisque le chef de cette école n'édifie son raisonnement que sur un engoûement non justifié pour les végétaux, le végétarisme est une doctrine condamnée à ne sortir jamais des limites étroites dans lesquelles elle se confine. Pensez-vous que si les Esquimaux se nourrissaient d'artichauts et de riz au lieu de graisse et d'huile, la combustion intérieure combattrait le froid ? Le Gaucho, qui parcourt à cheval la pampa, se nourrissant de viandes sèches ; le rameur, le lutteur, vivant de biftecks, de porter, puiseraient-ils dans les végétaux les substances nécessaires à la réparation de leurs tissus ?

On comprendra bien mieux l'utilité de la viande dans la nutrition quand on saura qu'on peut diviser, au point de vue chimique, en trois parties, les nombreux matériaux qu'elle contient. En effet, elle renferme des matières organiques azotées, non azotées et des matières inorganiques. Les principes azotés servent à réparer l'usure des muscles, qui, comme toutes les autres parties du corps ont besoin de se renouveler ; les principes non azotés donnent non seulement la chaleur animale, mais ils fournissent aussi, par leur oxydation, l'énergie musculaire du corps. Le docteur Devoisins a très justement fait remarquer, dans son étude sur *la femme et l'alcoolisme* que se « nourrir ne saurait consister à avaler chaque jour trois énormes rations de soupe maigre aux poireaux et aux pommes de terres.

... Se nourrir signifie réparer nos tissus et la substance apte à cette réparation se nomme protéine ou viande. » Les végétariens seuls n'acceptent pas cette affirmation vraie. Mon Dieu ! pas n'est besoin de trop s'en étonnner. Le philosophe Anaxagore ne s'avisa-t-il pas un jour de démontrer que la neige est parfaitement noire prétendant que l'eau est noire et que la neige n'est que de l'eau concrétée ? Wiliam Godwin dans son *Mandeville* n'affirme-t-il pas que les choses invisibles sont les seules réelles et ne le démontre-t-il pas ? Les fantaisies de l'imagination se sont donné un libre cours dans tous les temps. Les végétariens ne sont que des excentriques : gardons pour eux quelque pitié.

Les paysans comme tous les ouvriers des villes mangent à leurs repas beaucoup de légumineuses,

Dans la journée ils se livrent à des travaux fatigants et comme le rôle des matières azotées est de fortifier le muscle, ils devraient se nourrir avec des aliments renfermant des principes immédiats alibiles en proportions favorables. Les légumineuses contiennent bien les principes nécessaires à la formation des tissus, mais elles manquent de matières hydrocarbonées, comme l'a remarqué Boussingault. Il en résulte que la matière azotée concourt dès lors à entretenir la chaleur animale au grand détriment du travail, car ainsi que l'a observé M. Milne-Ewards « le muscle en activité s'approprie plus d'azote qu'il n'en abandonne. » Ne savez-vous pas, en effet, que les contractions musculaires souvent répétées, provoquent l'accroissement du volume des muscles dans lesquels se forment de nouvelles fibres et de nouveaux faisceaux musculaires.

Si nous appelons, avec les physiologistes allemands, *relation nutritive d'un aliment*, le rapport qui existe dans un aliment entre la quantité en poids de matière azotée protéïque qu'il renferme et la quantité de matière non azotée susceptible de jouer le rôle d'aliment respiratoire, nous nous rendons compte aussitôt du peu d'élément nutritifs contenus dans les végétaux. Ainsi, la relation nutritive qui semble le mieux convenir à l'homme adulte est comprise entre $\frac{1}{3}$ et $\frac{1}{5}$ ce qui veut dire que dans un aliment dont la relation nutritive sera de $\frac{1}{5}$, il existera 5 parties de matière non azotée contre une partie de matière azotée protéique. Un aliment contenant ces matières sera d'autant mieux utilisé par l'économie que les principes alibiles y sont associés entre eux suivant une relation convenable.

Relation nutritive de la viande et des légumineuses :

D'après M. P. De Villard : Veau gras......... $\frac{1}{3}$

Bœuf demi-gras.... $\frac{1}{3.5}$

Bœuf gras........ $\frac{1}{5.4}$

Mouton demi-gras. $\frac{1}{2.3}$

Cochon gras...... $\frac{1}{8.8}$

D'après MM. Grandeau : Féverolles......... $\frac{1}{1.9}$

De Villard : Haricots........... $\frac{1}{2.3}$

Grandeau : Lentilles......... $\frac{1}{2.2}$

$$— \quad \text{Vesces} \dots\dots\dots \quad \frac{1}{1,8}$$

$$— \quad \text{Pois} \dots\dots\dots \quad \frac{1}{2,4}$$

Mais dans cette question de l'énergie mécanique un autre facteur que nous ne mesurons pas avec nos données ordinaires entre en jeu, c'est l'action de l'intelligence sur le corps. « Nous n'en pouvons pas donner une expression exacte, dit M. Roscoë, cependant son influence sur la physique et la chimie du corps est importante, et nous pouvons affirmer que, sans aucun doute, il existe une relation entre l'activité intellectuelle du travail mental et la nutrition animale. Comme preuve de la différence entre le travail volontaire et le travail involontaire, nous n'avons qu'à comparer l'action mécanique du cœur. Le travail des muscles de la vie organique ne cause aucune fatigue ; un exercice quelconque la provoque. L'exercice qui harasse une jeune recrue est un jeu pour le vieux soldat qui fait automatiquement les mouvements. » L'activité intellectuelle serait-elle moins grande chez les végétariens que chez les nécrophagiens? Puisque l'activité mentale a pour résultat l'épuisement du corps, il faut admettre que les végétariens vivant d'une nourriture insuffisante, font bande à part, et appartiennent à une secte d'hommes ne pensant pas, ne travaillant pas. Pourquoi ne pas les comparer à ces arbres mal venus dans un terrain infécond qui ne peuvent ni se développer, ni donner de fruits? C'est l'image que ces gens-là nous offrent : ils ne vivent pas, ils végètent. Si nous combattons ces théories, si nous en montrons tout le ridicule c'est pour mieux écraser une doctrine dangereuse. Dans tous les temps, avons-nous dit, les idées les plus extravagantes ont remontré des adhérents : montrons à tous ces adhérents, à ces rêveurs inconscients que nous ne pouvons nous accommoder de leurs utopies parce que nous tenons à ces deux choses, conséquences d'un régime fortifiant, d'un côté, la prolongation de la vie; de l'autre une grande économie de travail pour l'individu et la communauté. La prolongation de la vie n'est obtenue qu'en appliquant les principales règles de l'hygiène qui veut, elle, que le travailleur ait la somme la plus considérable de jouissance avec la plus faible dépense et le moins d'heures de travail. « Aussi, dit M. Drysdale de Londres, tous les aliments qui tendent à augmenter l'efficacité de l'effort, doivent-ils être recherchés, tandis que ceux qui diminent cette efficacité doivent-être évités. C'est pour cette raison que je voudrais voir les classes ouvrières, en Europe, employer beaucoup plus qu'elles ne le font, dans leur alimentation, la viande et les substances albumineuses. » C'est pour cette raison, qu'à notre tour nous avons déclaré la guerre à l'école végétarienne.

Voici la réponse à la lettre qu'on a lue du D' Bonnejoy :

A M. le Dr *Bonnejoy* (du Vexin).

Monsieur,

« Hier, en lisant votre réponse à mon article sur l'alimentation végétarienne, deux justes réflexions me venaient à l'esprit. Je me trouvais dans le cabinet de notre aimable rédacteur en chef qui m'avait prévenu de votre riposte. Je pensai dans moi-même que si M. Jourdain faisait de la prose sans s'en douter, vous, vous étiez végétarien sans savoir pourquoi. De plus je regrettai sincèrement que vous n'eussiez pas essayé de réfuter mes théories par quelques arguments scientifiques qui auraient, au moins, laissé le doute subsister dans les esprits. Vous êtes médecin au Vexin, monsieur, je m'en aperçois bien. La science pour vous est une marâtre qui ne se révèle pas. Si j'avais eu l'honneur de vous connaître auparavant, j'aurais pu vous prier de venir à l'école, au laboratoire de mon regretté maître et ami, le professeur Gay, où vous auriez expérimenté tout à votre aise et où vous nous auriez montré nos erreurs. Mais réfuter une thèse par des affirmations, sans preuves à l'appui, ne signifie rien. J'étais malade, dites-vous, l'alimentation végétarienne m'a guéri ; maintenant je suis végétarien. Vous supposez vos lecteurs bien naïfs, puisque vous pensez devoir les convaincre par ce raisonnement. A moins que chacun d'eux ne se dise : « Credo quia absurdum, » je crains bien que le nombre de vos prosélytes n'augmente pas. Quand on est, comme vous, chef d'école, on doit jeter, comme le semeur les graines, les arguments scientifiques. Nous qui sommes des « nécrophagiens », qui habitons « le marais urbain », nous ne procéderions pas ainsi. Mais il est vrai que nous ne pouvons avoir une idée juste des choses puisque nous sommes imbibés des « molécules d'animaux essentiellement faux, trigauds, sournois ». Notre âme à nous nécrophagiens, est reconnaissable. Elle

Transparaît louchement dans le visage humain.

Ah ! monsieur, vous jetez le trouble dans mon

esprit. Voici qu'avec votre théorie, les molécules influencent les cellules sensitives, motrices, etc... Je vous ferai remarquer, en passant, que vous semblez avoir une idée très fausse du siège des facultés intellectuelles ou psychiques proprement dites : vous paraissez les placer dans les éléments anatomiques désignés habituellement sous le nom de cellules nerveuses. M. G. Pouchet, du Muséum, dont vous avez entendu parler, peut-être, a montré tout récemment que le véritable siège des facultés conscientes est dans les petits éléments nerveux déterminés pour la première fois comme tels par Ch. Robin et qu'il a nommés myélocytes. Ces éléments ne peuvent être influencés, de la façon que vous entendez par vos molécules végétales. Mais passons. Selon vous, monsieur. qui renversez, avec une inconscience digne d'un meilleur sort, tout ce qui a été établi scientifiquement jusqu'ici, il existe une différence absolument tranchée entre les « végétariens » et les « nécrophagiens. D'un côté, l'intelligence, l'esprit, la bonté. De l'autre la sottise, l'imbécilité, la cruauté. Voyez, monsieur, quelle responsabilité vous assumez pour l'avenir. Vous pouvez, en prônant vos théories, en les faisant triompher, créer deux sectes ennemies dans la patrie. L'une sera dévorée par l'autre ; je vous laisse la responsabilité de ce qui arrivera.

Pour donner plus de force à votre raisonnement, vous me dites que le professeur G. Sée a prouvé que les albuminoïdes végétaux sont identiques aux animaux ; mais, monsieur, on enseignait cela, de votre temps, à l'Ecole de médecine. Il y a bon nombre d'années déjà que Dumas (1) avait tiré au clair cette question. Vous dites aussi que la viande est « un aliment mauvais et morbigène, incapable d'entretenir seul la vie. » Mon Dieu, que venez-vous nous conter là ? nous ne demandons pas une nourriture absolument animale ; nous prétendons qu'une nourriture mixte, telle que celle recommandée par les « hygiénistes en chambre » et les « savantasses de laboratoire », est bien préférable à tous les points de vue, à une alimentation absolument végétarienne.

« Du reste, si l'expérience en a démontré toute la valeur, tous les travaux entrepris sur ce sujet en ont prouvé toute la raison. Que le principe acide du suc gastrique soit l'acide lactique, l'acide chlorhydrique ou l'acide hippurique, comme le veut

_____

(1) Dumas. *Essai de statique chimique des êtres organisés* (pages 40 et 46).

Poulet, il n'en reste pas moins établi que la faculté digestive de l'estomac est limitée. Malgré toutes vos affirmations vous ne pouvez contredire ce point. Nous sommes donc dans la nécessité de mêler notre alimentation, — alimentation végétale et animale, — si nous voulons, sous un petit volume, prendre les substances nécessaires à notre entretien.

« Vous me parlez des paysans qui ne mangent de la viande que très rarement, et vous me dites avec un air de triomphe : Voyez, ils vivent cependant. Du temps de La Bruyère, monsieur, ils mangeaient les racines des arbres et ils en mouraient quelquefois. Il en est de même aujourd'hui : bien souvent ils sont victimes de leur genre de nourriture. Si vous avez assisté quelquefois aux repas des paysans vous avez dû vous convaincre de la quantité énorme de nourriture qu'ils consommaient. De là, un grand nombre de cas de dyspepsie parmi eux. La nourriture, du reste, est responsable de cette nonchalance que vous voyez chez le paysan qui s'en va au travail les bras ballants, le pas lourd, l'œil perdu dans une morne et vague contemplation de la nature. Il semble que si sa nourriture arrive péniblement à le faire vivre, elle ne peut arriver à le faire penser.

« L'énergie de l'esprit a bien souvent comme corollaire la vigueur du corps. Lorsque j'ai fait mon volontariat, — il y a quelques années à peine, — j'ai remarqué que la plupart de ces paysans aux mines épanouies, engraissés par la nourriture du régiment plus substantielle que celle de leur famille, mais encore insuffisante, j'ai remarqué, dis-je, que c'était parmi ces jeunes gens que la fatigue, le découragement avaient le plus de prise. Certes en apparence, ils étaient plus vigoureux que nous autres qui sortions du lycée ; mais si nous pouvions nous réconforter avantageusement, eux, les infortunés, étaient condamnés aux menus les moins substantiels. Et nous en étions réduits à voir, pendant les manœuvres, les ambulances de campagne envahies par ces non-valeurs ! Caton l'Ancien leur eût prescrit comme remède le chou cru ou diversement accommodé. Guy-Patin, — le médecin des trois S, leur eût recommandé le séné, la saignée, le sirop de roses pâles. Vous, monsieur, vous eussiez prescrit le régime végétarien. Caton vous eût devancé.

« Vous semblez croire, monsieur, que le lait, le fromage, les graines sont de beaucoup préférables à la viande, aux poissons, etc... parce qu'ils se corrompent moins facilement « dans les marais urbains microbiques ». Le lait, d'après le professeur Vaughan, subit une décomposition particulière dans ses éléments. Après l'ingestion du fromage on a constaté, des coliques, des vomissements, diarrhée, vertiges, diplopie, angoisse précordiale, collapsus profond, déterminés, de l'avis de tous les auteurs, par l'absorption d'un poison chimique. Ce poison, étudié par Brieger de Berlin, et appelé *tyrotoxicon*, est un mélange de neuridine et de trimethylamine. Les graines subissent des modifications moléculaires. Tous les corps, monsieur, toutes les substances qui contiennent des albuminoides, peuvent se décomposer et donner naissance à des bases azotées, sous l'influence des microbes. Par conséquent la viande aussi bien que les graines, le lait, le fromage, ont besoin d'être d'une pureté absolue; mais de là à prétendre qu'il faut exclure la première de ces substances au profit des autres, il y a loin. Rien ne vous autorise scientifiquement à l'affirmer.

« Vous prétendez, monsieur, qu'il n'y a que les Parisiens de mon avis. Je m'en console très facilement. Malgré tout l'esprit que vous avez dépensé dans votre réponse, toute la courtoisie que vous y avez mise, je préfère encore être soutenu par Bouchardat, Sanson, Gauthier, Richet, Béclard, etc.,

que d'être, comme vous, à peu près seul de mon
opinion. Si je me trompe, je me trompe du moins
en bonne compagnie. Dans tous les cas, à votre pro-
chain banquet, ne m'oubliez pas, et, puisque votre
cave est bien montée, « la réfection végétarienne » sera un peu moins pénible. « Le vin vieux »
selon le poète « rajeunit les sens ».

Cette querelle mit en émoi tout le clan végétarien.
Eh quoi ! on les attaquait ; on osait contester leur
science, leurs idées ! Il fallait lui dire tout ce qu'on
pensait sur son compte à ce jeune audacieux ! Un
inconnu fut chargé d'attacher le grelot. Si la discussion ne resta pas courtoise, ce n'est point notre
faute, et nous prions cependant le lecteur d'excuser
notre violence de langage.

A monsieur Jean Rey,

« Décidément, monsieur, il faudra que les pro-
fanes ou demi-profanes (comme moi), s'interposent
entre Hippocrate et Galien.

« Je ne suis pas le champion du docteur Bonnejoy, qui n'a pas besoin de moi pour se défendre ;
mais, en attendant qu'il le fasse, j'éprouve une véritable démangeaison d'envoyer une petite riposte à

votre argumentation anti végétarienne; et si l'honorable directeur du *Journal de la Santé* veut bien me soulager de ce prurit épistolaire, en imprimant ma *thèse*, il se peut que tous les rieurs ne soient pas de votre côté.

« Parlons science, d'abord, puisque vous vous tenez presque exclusivement sur ce terrain-là, — qui n'est pas le mien, ni celui de la grande majorité de vos lecteurs.

« Vous donnez la « composition moyenne des substances alimentaires d'origine végétale » :

> Eau 237 gr.
> Albuminoïdes, 234, etc. »

et vous dites que ces substances sont trop riches en albuminoïdes, et trop pauvres en graisse et en sels. »

« *J'avais cru le contraire jusqu'à ce jour, au moins pour les albuminoïdes.* Ce qu'on reprochait aux végétaux, en général, c'était d'être pauvres en albuminoïdes, à l'inverse de la viande et des œufs, par exemple, qui en sont riches.

« D'autre part, avez-vous voulu dire que la composition des végétaux est pauvre en graisse (ou matière grasse), *relativement* à la proportion de leurs albuminoïdes?

« Cela est exact, d'après le tableau que vous en

donnez ; mais un végétarien vous répondra que, pour remédier à cette insuffisance, il ajoutera un peu de beurre ou d'huile d'olive à son pain et à ses pommes de terre ou à sa salade.

« Si les végétaux, en général, sont, comme vous le prétendez, trop riches en albuminoïdes, il est bien facile de les appauvrir en y mêlant certains végétaux (salades, navets, etc.) à qui, je crois, vous ne reprocherez pas ce défaut-là.

« Vous établissez, très scientifiquement, que « l'alimentation doit compenser les pertes de l'orga- « nisme ». — Peut-être vous étendez-vous un peu trop sur ce point, qui, ce me semble, n'a pas besoin d'une si longue démonstration : tous ceux qui ont fait un peu d'agriculture savent depuis longtemps qu'il faut rendre au sol les éléments de nutrition végétale que les récoltes lui ont enlevés, et qu'il faut composer la ration alimentaire des animaux, de façon à réparer les pertes de l'organisme. Les comptables, les hommes d'affaires, etc., savent également que pour *faire une bonne maison*, les recettes doivent au moins couvrir les dépenses ; et qu'il en est de même du budget des États... mais nous touchons ici au terrain brûlant de la politique, et je recule...

« La question n'est donc pas tant de savoir qu'il faut à l'homme une « alimentation suffisante ». Ce qui est en cause, ici, c'est de décider si l'alimentation *végétarienne* (laissons de côté ce mot, que j'ai déjà discuté) remplit ces conditions, atteint ce but.

« Vous citez des Suisses du canton de Berne, et vous nous montrez « le visage hébété des uns, le tremblement significatif des autres, l'inertie et la misère de tous ! » — Mais vous donnez vous-même une explication *suffisante* de ce triste phénomène en nous apprenant que « la pomme de terre et *l'alcool* forment toute l'alimentation » de ces malheureux. Et vous opposez cet exemple aux apôtres du végétarisme !...

« Vous nous faites voir, à côté de ces pauvres gens, d'autres Suisses (canton de Neufchâtel) et, qui « ne sentent pas le besoin de réparer leurs forces » — par l'alcool, voulez-vous dire, sans doute, — et qui, apparemment, se portent bien (car vous ne le dites pas), attendu qu'ils « consomment, en « moyenne, chaque jour, 300 grammes de viande, « avec du lait, du fromage, du bon pain. »

« A la bonne heure, cela, monsieur ! Voilà un régime presque végétarien : ôtez les trois cents grammes de viande, et ce sera complet. Or, croyez-

vous que, cela fait, ces gens de Neufchâtel en seraien
moins vigoureux, moins sains?

« Laissez-moi vous citer un exemple, à mon
tour :

« J'ai connu pendant quarante ans des bûcherons
qui vivaient exclusivement de pain, de lait et de
légumes ; très rarement des œufs ; jamais de fromage, et, quant à la viande, *à peine une fois l'an.*
Eh bien! je puis vous affirmer que, nulle part, je n'ai
vu d'hommes plus robustes, plus solides. Ils sont
parvenus à un âge avancé, et il n'y a pas longtemps
que les derniers survivants sont morts dans mon
voisinage, après une longue vie de travail. Ils n'ont
guère connu la viande que de nom.

« Je pourrais multiplier ces exemples ; mais ce
serait abuser de la place qu'on veut bien m'accorder
aujourd'hui dans le journal, et empiéter, — je ne
l'ai que peut-être trop fait déjà, — sur la préroga-
tive du docteur Bonnejoy, à qui vous et moi devons
courtoisement laisser la parole.

« Agréez, monsieur, avec le regret que j'ai de
vous contredire, l'assurance de ma considération
distinguée.

X.

« *P. S.* — Si M. Jean Rey avait le goût de prolonger la discussion, je pourrais lui démontrer (ou lui rappeler, car il doit le savoir), que la composition chimique des végétaux est *absolument la même* que celle des animaux : ce n'est donc qu'une proportion suffisante des quatre éléments,— albumine, graisse, sucre (matière hydrocarbonée) et sels, — à introduire dans le choix et la combinaison des aliments végétaux, pour leur assurer autant de qualité nutritive qu'à la viande.

« Voilà pour le côté *scientifique* de la question.

« Quant au côté pratique, *expérimental* (le plus décisif après tout!), j'ajouterai que certains aliments végétaux, outre leur richesse en matière azotée et en matière grasse (le café, le cacao, etc.) contiennent des principes particuliers (huiles essentielles, etc.) qui ont une grande influence sur la nutrition, en agissant sur le système nerveux.

« Ce système nerveux est notre *pile électrique*, la source du mouvement, donc, de la vie ; et l'on peut aujourd'hui affirmer, de par l'expérience, que le café, par exemple, est, à ce titre, un merveilleux succédané de la viande, du vin même, auxquels il est préférable, à bien des égards. »

X.

Jean Rey à Monsieur X.

« Monsieur,

« Vous aviez cru jusqu'à ce jour que les substances alimentaires d'origine végétale étaient moins riches en albuminoïdes 'que la viande et les œufs. Je suis heureux que vous m'ayez fourni l'occasion de vous instruire sur ce point. Voici, pour votre gouverne, quelques chiffres.

« Pour cent vingt grammes d'albuminoïdes,

« Il faut prendre :

	grammes.
Lentilles	483
Haricots	531
Pois	537
Fèves	544
Viande de bœuf	566
OEuf poule	893
Pommes de terre	9.230

« Je vous ai dit que l'alimentation végétarienne, no pouvait compenser les pertes subies par l'organisme. La quantité de substances qu'il faudrait ingérer dépasserait la faculté digestive de notre estomac. Vous dites que quand un végétal ne contient pas de graisses ou de sels en quantité requise, on remédie à cette insuffisance en ajoutant de la graisse et des sels. Mais, cher monsieur, vous me parlez cuisine et vous savez que le goût y joue un grand rôle.

« Vous rappelez, monsieur, que la composition chimique des végétaux est absolument la même que celle des animaux. Seulement, et c'est le point capital, la proportion des quatre éléments : albumine, — graisse, — matière hydrocarbonée, — sels, — s'y trouve en proportions tellement variables et souvent si minimes dans mille parties, qu'il est de toute nécessité d'avoir recours à la viande. Vous arriverez, autrement, en vous nourrissant avec des végétaux, à faire de véritables macédoines de légumes que l'estomac se refusera à supporter.

« Il y a deux questions, comme vous le dites ; la question scientifique et la question pratique. La question pratique est résolue depuis qu'il y a des hommes. La variété dans l'alimentation, voilà la véritable règle de l'hygiène. Le reste n'est qu'utopie. Aucun argument sérieux ne peut infirmer ma thèse. Vous-même, monsieur, je l'espère pour vous du moins, vous ne vous mortifiez pas chaque jour en mangeant du pain et des radis. Nous n'avons point l'estomac des animaux ; nous sommes des gourmets, et, pour avoir le plaisir d'expérimenter la méthode des végétariens, nous ne remplacerons pas un plat de rôti par un plat de légume. Avant la réponse du docteur Bonnejoy, je mangeais le beafteack avec du cresson ; depuis sa réponse j'ai supprimé le cresson.

Jean REY.

Deuxième lettre de M. X. à M. Jean Rey.

« Vous êtes jeune, monsieur, et vous faites bien de nous l'apprendre dans votre réplique au docteur Bonnejoy, car c'est là votre excuse : c'est ainsi que je m'explique, dans la réponse que vous m'adressez personnellement, votre dédain un peu cavalier ou votre silence *prudent* sur tous les arguments qui embarrassent vos idées préconçues et vos théories de *laboratoire,* — car c'est toujours là que vous appelez votre adversaire : Je vous cite :..... venir à l'école, « au *laboratoire...* où vous auriez « expé- « rimenté tout à votre aise, et où vous nous auriez montré nos erreurs », dites-vous à M. Bonnejoy.

« Voilà bien la *jeunesse,* faisant son volontariat dans la vie, la jeunesse, tout imbue de doctrines scientifiques nées d'expériences de *laboratoire,* laissant de côté la science expérimentale, les faits pratiques, et, dans l'orgueil de ses prétendues découvertes ou dans son admiration (un peu naïve) pour un maître, rejetant sans plus de façons tout ce qui dérange ses plans et contrarie ses systèmes !

« N'est-ce point là? précisément,ce que vous faites à mon égard?

« Et, d'abord, vous me donnez une *leçon*, — que je ne vous demandais pas, — à propos de la teneur des plantes alimentaires en matières albuminoïdes : Comment n'avez-vous pas senti que mon *je croyais que...* relatif à la pauvreté des plantes en albuminoïdes, était une ironie à l'adresse de votre assertion contraire ? c'est-à-dire, que je crois toujours à cette pauvreté *relative ?* Et pourquoi avez-vous omis ma restriction à cet égard, puisque j'ai dit que « ce qu'on reproche aux végétaux (1), *en général,* c'est leur pauvreté en albuminoïdes ? Aussi ai-je admis avec vous, avec la science, que les plantes *légumineuses* (lentilles, pois, haricots, etc.) sont aussi riches que la viande en matières protéïques ; et vous n'aviez pas besoin de votre tableau-chiffres, de votre *leçon* de chimie alimentaire, pour me le rappeler. C'est même sur ce fait scientifique que je me suis appuyé

(1) Je ne suppose pas que les végétariens fassent leur nourriture de prédilection de la salade et des navets, les légumineuses étant très répandues partout. Je pensais que les végétariens les mangeaient quelquefois.

pour soutenir, dans une certaine mesure (car je ne suis *absolu* ni comme le docteur Bonnejoy, ni, encore bien moins, comme vous, en ceci), la doctrine végétarienne. Je vous ai dit que, grâce à la richesse de certains végétaux en matière azotée et en matière grasse, il était possible de se passer (complètement ou à peu près) de viande ; et comme vous aviez dit, vous, que « les substances alimentaires d'origine « végétale sont *trop riches* en albuminoïdes » (ici, c'est *le gâchis*, et je m'y suis perdu, ma foi !), je vous ai répondu que si cette assertion étrange (sauf pour certaines plantes), était vraie, il était facile d'atténuer les effets de cet excès de richesse, en mêlant à ces plantes des herbes très pauvres en albuminoïdes (salades, etc.) ou des tubercules tels que la pomme de terre, dont il faut, *suivant votre tableau chiffres*, neuf mille deux cent trente grammes pour obtenir cent vingt grammes d'albuminoïdes.

« Eh bien ! qu'objectez-vous à cette réponse, à cette solution *pratique ?* Vous me répondez, d'un ton dégagé, de ce ton de néophyte (exclusif) des sciences et expériences de *laboratoire :* « Mais, mon « cher monsieur, vous me parlez cuisine, et vous « savez que le goût y joue un grand rôle. »

« Je vous parle cuisine ! Eh ! grand Dieu ! S'agit-il donc ici d'autre chose? Quoi, nous traitons de *l'alimentation* humaine, et quand vous ne savez que répondre à mes arguments, vous vous sauvez par la tangente, vous m'objectez, avec la légèreté d'un *volontaire d'un an* (de l'armée ou de la science), que « je parle cuisine » ! Certes, il n'est pas question ici de l'*art culinaire* de Carême ou de Brillat-Savarin ; mais il s'agit bien, il me semble, de la *cuisine* humaine, populaire, universelle, de l'alimentation commune à tous !

« Mais, *mon cher monsieur*, je m'étonne moins de votre légèreté, de votre sans-façon sur ce point de notre discussion, quand je vous vois aussi passer sous silence mes autres objections à votre doctrine « créophagienne » ; entre autres, exemple concluant des braves bûcherons que j'ai connus, et qui étaient absolument végétariens. Je pourrais y ajouter l'exemple *actuel, quotidien*, des ouvriers terrassiers italiens qui travaillent dans nos ports et ailleurs, et qui, *sans presque manger de viande*, font chaque jour une besogne *double ou triple* de celle de nos ouvriers indigènes, plus ou moins grands mangeurs de viande. (1)

(1) Cet exemple demande à être confirmé. En attendant qu'il le soit, nous doutons de sa véracité.

« Allons, monsieur, un peu moins de morgue *de laboratoire,* s'il vous plaît? un bon mouvement inspiré par le bon sens et la bonne foi ! et vous avouerez que, sans « *se mortifier chaque jour en mangeant du pain et des radis* », — comme vous le dites avec la *légère* moquerie d'un journaliste parisien, — il est permis de condamner au moins *l'abus* qu'on fait du régime animal (surtout dans les villes), abus qui, à mes yeux, aussi bien qu'à ceux du docteur Bonnejoy, est l'origine d'une foule de maladies ou d'incommodités.

« Mais la fin de votre lettre me fait voir que je prêche un sourd, puisque, *par dépit* contre la doctrine végétarienne, vous supprimez maintenant le cresson que vous ajoutiez à votre beafteack. Tant pis pour vous, monsieur! le dépit ne vaut ni ne remplace la science et la raison, et ne saurait prévaloir contre l'expérience et la vérité. »

Réponse de Jean Rey à M. X...

« Votre réponse, monsieur, est bien remarquable. Elle est acerbe, pédante, doctorale. Vous avez dû consulter quelques savants, de vos amis, pour nous servir un si beau morceau d'éloquence.

« Je suis jeune, dites-vous, et sans doute, vous

m'en faites un crime. Avoir des idées, cela n'est permis qu'à l'âge où l'embonpoint vient au ventre, parce que, sans doute, c'est à ce moment qu'on s'enferme dans la routine, et qu'on devient incapable d'accepter ou de comprendre une idée nouvelle. Mon confrère Coriveaud appelle les gens qui ont cette infirmité de l'esprit de « vieilles bêtes ». Il est sans pitié, mon confrère. Mais, vous-même, monsieur, qui avez quelques prétentions scientifiques, vous connaissez au moins un homme à l'esprit rouillé ; vous devez comprendre qu'être jeune est une qualité au lieu d'être un défaut. Cette infirmité s'abattant, comme la hache du bûcheron sur le chêne, sur notre pauvre humanité et sévissant de préférence sur les hommes accomplissant leur demi-siècle, vous avez été bien mal avisé, monsieur, de mettre en parallèle nos deux âges.

« Vous prétendez que « la jeunesse tout imbue des doctrines scientifiques nées d'expériences de laboratoire, laissant de côté la science expérimentale « rejette » sans plus de façons tout ce qui dérange ses plans et contrarie ses systèmes ». Vous avez aligné là une série de mots dont vous ne vous êtes pas rendu compte, monsieur, car ce sont autant d'erreurs.

« D'abord dans quel laboratoire, auprès de quel maître, avez-vous vu laisser de côté la science expérimentale? Vous ignorez donc encore, — une leçon que je vais vous donner, monsieur, —que la méthode expérimentale est due au génie de deux physiologistes français, Flourens et Claude-Bernard et, qu'à ce titre, elle est suivie depuis longtemps dans tous les laboratoires. Vous parlez aussi d'admiration naïve « pour un maître ». Ah ! monsieur, ce ne sont point les herbes que vous mangez à chacun de vos repas qui peuvent déterminer dans votre cœur et dans votre esprit cette admiration, bruyante assurément, mais sincère aussi, que nous ressentons pour des hommes comme Pasteur, Chevreul, Berthelot, pour ne parler que des plus illustres. Pasteur pleurant disait, un jour que nous l'acclamions dans le grand amphitéâtre de la Sorbonne : « Il n'y a que « la jeunesse qui sait donner des applaudissements. » Vous avez souri de notre enthousiasme. Comme dernier argument pour condamner les végétariens nous ne pouvions mieux demander.

« Vous avez eu la honte de nous le fournir : merci !

« Le philosophe Henri Heine n'étudiait ou ne lisait la philosophie allemande que dans des livres traduits en français. C'était le seul moyen pour lui de la comprendre : le traducteur dégageait la pensée obscure, très obscure du philosophe et la commentait. Je ne sais, monsieur, si vous comprenez bien ce que vous écrivez, et encore moins ce que vous voulez écrire. Mais ce que je peux affirmer, c'est que votre langue est aussi embrouillée, aussi obscure que la pensée d'un philosophe allemand. Pourquoi ne pas avoir un commentateur de vos phrases ? C'est le seul moyen que le public, moi, puis vous, nous ayons de nous en tirer. Dans mon premier article sur « l'alimentation végétarienne », j'avais prétendu avec raison, du reste, que les substances alimentaires d'origine végétale sont trop riches en albuminoïdes et trop pauvres en graisse et en sels. Vous m'avez répondu par cette phrase que je copie exactement parce qu'elle mérite d'être citée : « J'avais cru le contraire jusqu'à ce jour, au moins pour les albuminoïdes. » Dans ma réponse, j'ai confondu votre ignorance. Aujourd'hui, vous me dites, la bouche en cœur, les bras levés vers le ciel : « Comment n'avez-vous pas senti que mon : *je croyais que...* relatif à la pauvreté des plantes en albuminoïdes, était une ironie à l'adresse de votre assertion contraire, c'est-à-dire que je crois toujours à cette pauvreté relative ! » Enfin, quel charabia parlez-vous ? On vous donne des chiffres ; on vous donne des preuves de ce que l'on avance, et vous répondez à la façon d'un Normand. Puis voilà que vous me conviez à vous exposer quelques formules de cuisine, parce que, dites-vous, l'alimentation végétarienne touche à la cuisine. Voilà pour le moins une idée grotesque. Voyez-vous, d'ici, le professeur Proust enseignant à ses élèves la meilleure façon d'accommoder le veau aux carottes ; voyez-vous Ch. Girard, la calotte traditionnelle sur la tête, en tablier blanc, les manches retroussées et le couteau à la main, montrant à tous les cuisiniers assemblés de Paris, sous couleur d'hygiène, avec quels légumes le ragoût de mouton est le plus nutritif ! Des idées comme celles-là ne pouvaient germer que dans le cerveau d'un végétarien ! Quand la discussion devient embarrassante, que je vous serre d'un peu trop près, vous prenez des chiffres au hasard, vous les jetez dans la discussion, vous embrouillez le lecteur, vous le fatiguez, vous ne savez plus vous-même où vous en êtes, et tout étourdi de votre divagation folle, vous chantez victoire. Malheureusement pour vous, si vous voulez nous convaincre, il nous faut d'autres arguments que ceux que vous nous avez servis : dans vos réponses, il n'y a rien ; elles ne sont même pas l'épave d'un peu de savoir.

« De tout cela, il résulte que, tous les deux, nous avons abusé des lecteurs du *Petit Journal*. Ils sont aujourd'hui édifiés sur notre compte. Laissons-les nous juger. Sans vouloir cependant préjuger de leur sentiment, je me permets de vous dire ceci :

Soyez plutôt maçon, si c'est votre métier !

Jean REY.

La querelle n'était point terminée. Le feu couvait toujours sous la cendre. On me décocha quelques épigrammes plus prétentieuses que méchantes. Je répondis à mes adversaires par la lettre suivante adressée au directeur du journal où la discussion s'était ouverte :

« Mon cher Directeur,

« Tandis qu'absorbé par les travaux de l'Association scientifique de France, je m'arrache quelques instants aux soucis parisiens, certains chroniqueurs à court de nouvelles, essaient de me décocher, dans le *Journal de la Santé*, la flèche du Parthe. L'un que tous les jours je respecte davantage, en dépit de lui-même, esprit maladif entiché d'un rêve, m'accuse de « brutalité ». L'autre, qui a besoin de répandre sur moi son fiel, me traite d'insolent. Paul-Louis, dans un de ses plus spirituels pamphlets, prétend que lorsqu'un homme politique en appelle un second canaille, insolent, voleur, c'est que tous les deux ne professent pas la même opinion. Je suis presque tenté de croire qu'il en de même en science. Le gant m'a été jeté, sans provocation aucune de ma part, le terrain sur lequel j'appelai mes adversaires étant seulement le terrain scientifique. Attaqué à l'étourdi peut-être, j'ai relevé le défi. Il n'entre pas dans mes habitudes de me résigner à l'insulte d'où qu'elle vienne. Mais ce qui est triste à constater, c'est que mes adversaires résolus, hélas ! se confinent dans une prudente réserve. Si réellement j'ai été assez peu limité dans mes expressions pour mériter ces épithètes malsonnantes et niaises, je m'étonne de la placidité de mes contradicteurs. Et vraiment je me vois, réduit à cette alternative, ou bien d'admirer leur résignation évangélique, ou bien d'avoir pitié de leur impuissante ironie et de leur science inféconde.

« Vous savez, mon cher Directeur, que mes mœurs ont besoin de s'adoucir. Dans la crainte que

je ne l'oublie, on a bien voulu me le rappeler en un
style d'autant plus précieux qu'il se fait rare aujour-
d'hui parmi nos contemporains. Et mon âme ? Ah !
mon cher Directeur, si vous lisiez dedans, vous se-
riez épouvanté des noirs complots qu'elle trame !
Mais comme cela transparaît toujours un peu sur le
visage, je n'ose plus ni me montrer en public, ni
me regarder dans une glace.

> Tel un étang sinistre au long d'un vieux chemin
> Dissimule sa boue au miroir de son onde.

« Ce qui me ronge le cœur, comme le ver ronge
le fruit, c'est la prédiction qu'on a tirée sur nous :
Nous devenons des Germains ; nous n'avons plus le
caractère gai, ouvert, confiant ; nous ne possédons
plus « que la brutalité saxonne et la bêtise querel-
« leuse proverbiale du Germain. » Vous voilà surpris ; vous vous demandez comment a été opérée
cette métarmorphose. Rien de plus simple que l'explication à donner. Les choses simples sont, de l'avis
de tout le monde, les plus difficiles à tirer au clair.
Pythagore a bien fondé la théorie de la métempsy-
cose ; cependant, malgré le défilé d'hommes comme
Socrate, Platon, Zénon, Sénèque, Bacon, Descartes,
Leibnitz, Kant, Hegel, et tant d'autres, personne n'a

jamais pensé à cette vérité, aussi éclatante que la lumière du soleil, à savoir que « les molécules des brutes » imprégnant notre cerveau, nous subissons leur influence et prenons les mœurs et les habitudes des animaux que nous mangeons.

« Il a fallu, mon cher Directeur, tant il est vrai que nous sommes recouverts « d'une croute épaisse d'ignorance diététique », la gestation de je ne sais combien de siècles, pour qu'un homme apparût enfin qui nous ouvrît les yeux. Aussitôt cette nouvelle philosophie connue, je me suis souvenu d'une circonstance où cette merveilleuse théorie a reçu inconsciemment le baptême de la consécration. C'était en 1882 ; M. Pasteur, après son déjeûner, se rendait à l'Académie de Médecine. Le grand savant agité, nerveux, ne possédait pas sa tranquillité accoutumée. L'Académie, ce jour-là, discutait gravement les théories pastoriennes. La séance ouverte, Jules Guérin, malgré sa vieillesse, bondit à la tribune et attaque furieusement les théories révolutionnaires. Pasteur réplique ; Jules Guérin riposte, montre le poing ; les deux ennemis vont en venir aux mains. Heureusement on les arrête, on les sépare. Des témoins sont constitués : M. Jules Guérin, alors âgé de quatre-vingts ans, veut se battre avec M. Pasteur, qui est paralysé d'un bras. L'affaire fut des plus difficiles à arranger, ces deux illustres académiciens ayant mangé, le matin même deux côtelettes d'un mouton « essentiellement faux, trigaud, sournois, etc. », ce qui se remarquait dans leurs regards « torves e « hagards ». Pour apaiser leur colère, les témoins contraignirent M. Pasteur à se mettre pendant un mois au régime des « sommités de houblon sau- « vage récemment cueillies », et M. Jules Guérin à celui des « artichauts de la vallée, bouillis dans l'eau « de la source ». Les deux savants furent autorisés à ajouter à ces mets exquis, « deux œufs verts de « canard du jour, saisis à l'eau bouillante, au sel des « marais salants ». Dites, après cette épreuve non douteuse, mon cher Directeur, que les animaux n'ont pas une influence directe, par les molécules dont ils nous imbibent, sur la destinée des individus et, *a fortiori*, des peuples !

« Une fois mon esprit parti sur le chemin des réflexions philosophiques, je n'essayai pas de le retarder dans sa course. Je pensai aux héros d'Homère, à leurs repas. Je me disais que, pour avoir des mœurs aussi douces, ils ne devaient jamais avoir mangé d'un animal quelconque. Homère se moque de nous quand il nous fait assister à leurs repas.

Tantôt c'est Agamemnon qui immole un bœuf de cinq ans ; tantôt c'est Achille qui dresse à la lueur du foyer un large billot où il étend le dos d'une brebis, celui d'une chèvre grasse et celui d'un porc succulent. Ainsi, Homère, que Malgaigne place au même rang qu'Hippocrate qui lui était postérieur d'au moins cinq cents ans, n'avait même pas entrevu les véritables règles de l'hygiène diététique. Je ne m'étonne plus si ses héros sont restés si longtemps à faire le siège de Troie !

« Cette semaine-là a été la semaine des émotions. Le *Journal de la Santé* nous a révélé les effets toxiques du calomel. Après de nombreuses circonlutions, toutes tendant à établir que, pour l'auteur de l'article, je n'étais pas bien élevé, — entre nous, mon cher Directeur, cette opinion trop intéressée m'est particulièrement suspecte de partialité, — on me convie à donner l'explication de ce fait anormal. Que vous dirais-je que vous ne sachiez déjà ? Un enfant prend des pastilles de calomel : symptômes d'empoisonnement. Ce qui s'est passé dans l'organisme échappe-t-il aux procédés de laboratoire ? Non. Il ne faut pas être grand clerc en la matière pour en donner l'explication. Un végétarien même pourrait la fournir.

« Le professeur Charles Richet a démontré que l'acide chlorhydrique se rencontrait dans l'estomac. Cet acide agissant sur le calomel le convertit en sublimé corrosif. C'est, du reste, par cette transformation, qu'agit le calomel. Si les pastilles étaient mal dosées et que l'estomac renfermât accidentellement un chlorure alcalin (sel) ou un acide (oxalate de potasse (bi-carbonate soude), l'action du calomel était considérablement augmentée. Dans tous les cas, le sel qui produisait l'empoisonnement était le bi-chlorure de mercure. On peut aussi se trouver en présence d'un cas d'idiosyncrasie, ce qui n'a rien d'étonnant. L'empoisonnement constaté, on devait d'abord faire vomir l'enfant, puis lui administrer du lait (albuminate de mercure) ou de la farine délayée, ou bien encore de la magnésie, etc. Comme boisson 4 à 6 blancs d'œufs pour un litre d'eau.

« Voilà, mon cher Directeur, tout ce que j'avais à vous dire dans une si longue lettre : le jeu, comme on dit, n'en vaut pas la chandelle. Mis en cause, j'ai tenu à montrer que je vivais encore. Mais n'attendez de moi rien de bon ; je mange toujours des côtelettes et des rôtis. Je sens chaque jour que je deviens de plus en plus nécrophagien. Ce que c'est tout de même que la destinée ! Dire que j'aurais pu être le fils d'un végétarien ! Dans sa bonté infinie ce qui nous sert de Providence ne l'a pas voulu. Que justice lui en soit rendue !

« Bien à vous.

« Jean REY. »

Et maintenant, si vous êtes curieux de connaître le menu d'un repas végétarien, si vous vous ralliez à cette doctrine et que ce régime paraisse favorable, à votre santé, vous me saurez gré de publier le menu du repas méridien du 4 septembre 1886, repas offert par le docteur Bonnejoy aux représentants de la Presse scientifique.

Réfection végétarienne
du Dimanche 4 septembre 1886.

MENU DU REPAS MÉRIDIEN

Entrée. — Les radis rouges du terroir. — Le beurre de vaches bretonnes battu récemment à Tréguier, dans les prés marins du littoral.

1er *Plat.* — Les œufs verts de canard, du jour, saisis à l'eau bouillante, au sel des marins salants.

2ᵉ *Plat.* — Les sommités de houblon sauvage, sauce blanche aux œufs durs et beurre de Bretagne.

3ᵉ *Plat.* — Les artichauts de la vallée, bouillis dans l'eau de la source, sauce à la crème du matin.

4ᵉ *Plat.* — Le saccharin de riz à la crème et au caramel de jus de canne cristallisé des Antilles.

5ᵉ *Plat.* — Les cerises et merises du pays, cueillies dans la matinée, à la fraîche.

Pain. — Le pain de méteil français, recette ancienne de ménage, pétri et cuit de la veille chez le Docteur.

Boissons au choix. — Eau pure de la source du Parc, température constante : 8 degrés. — Lait de beurre, traite du matin. — Lait de vache bretonne du Parc, id. — Cidre légitime des pommes de Chars, récolte 1885. — Vin pourpre de groseilles, non fermenté et rafraîchi au griffon de la source. — Vin de Bordeaux grands crus, 35 ans de présence dans la cave du Docteur. — Café à l'ordinaire, sans alcools.

Site du repas. — En plein air, sous les hauts arbres séculaires de la propriété du *Mégalithe.*

CHAPITRE III

LES ALCOOLS DU COMMERCE. — L'ALCOOLISME ET LA STÉRILITÉ. — TOXICOPOLIS.

I. — Les alcools du Commerce.

MM. Dujardin, Beaumetz et Audigé, pour prouver la toxicité des alcools de grains, de betteraves, de pommes de terre, avaient entrepris une série d'expériences. Ils établirent dans leurs conclusions que s'il était nécessaire d'atteindre 7 gr. 75 d'alcool éthylique pur en injection hypodermique, par kilogramme du poids du corps de l'animal, pour amener la mort chez le chien dans l'espace de vingt-quatre

(1). Extrait d'une brochure sous presse : *les Alcools du commerce et l'Alcoolisme.*

à trente-six heures, les mêmes effets sont obtenus avec (1) :

3 gr. 75 d'alcool propylique.
1 gr. 90 d'alcool butylique.
1 gr. 50 d'alcool amylique.

Ces chiffres confirmaient cette loi entrevue par Dumas et qui veut que la toxicité d'un alcool soit en rapport avec le nombre de ses atomes. Cette loi n'est pas absolue. On doit tenir compte : d'abord de l'origine des alcools, ensuite de leur solubilité. Ainsi l'alcool méthylique — $C^2H^4O^2$ — est bien plus toxique que l'alcool éthylique — $C^4H^6O^2$. — La puissance toxique des alcools butylique et amylique augmente quand ils sont dissous dans l'alcool ordinaire : ils pénètrent plus complètement dans l'organisme. Les doses toxiques au lieu d'être alors de 1 gr. 90 à 1 gr. 50, sont beaucoup plus faibles.

On a reproché à ces expériences de s'éloigner beaucoup trop du mode habituel d'administration des boissons alcooliques. Pour tenter d'écarter toutes les objections, ces habiles expérimentateurs empoisonnèrent, dans une porcherie, à Grenelle,

---

(1). On sait que ces différents alcools se trouvent toujours dans les alcools du commerce mal rectifiés.

lentement et graduellement, par la voie stomacale, un certain nombre de porcs par chacun de ces alcools :

Alcool éthylique.

Eau-de-vie de cidre.

Alcool de betteraves, de grains, de pommes de terre.

Deux porcs, au bout de deux mois succombèrent à l'alcoolisme chronique produit par les alcools de grains et de betteraves. Des troubles du côté du tube digestif s'étaient manifestés. A l'autopsie on constata la congestion et l'inflammation du foie et du poumon. Les animaux soumis à l'expérience et nourris avec l'alcool éthylique n'ont éprouvé que des symptômes peu appréciables.

Le regretté professeur Lassègue protestait contre ces expériences qui, disait-il, ne prouvaient rien : « Vous ne pouvez comparer l'action de l'alcool sur « un animal qui le prend sans aucune espèce d'ap- « pétit, à son action sur l'homme qui le prend avec « plaisir, avec recherche. » Puis, traduisant sa pen- sée dans une phrase imagée, il s'écriait : « Vous « donnez à une chèvre du tabac : elle le mange avec « plaisir, sans aucun inconvénient pour elle ; allez « vous en conclure qui si vous faisiez manger ce

« même tabac à une femme jeune et délicate il pro-
« duira sur elle le même effet? Evidemment non.
« C'est la même chose pour l'alcool. » Et il ajoutait :
« On ne devient pas alcoolique parce qu'on boit,
« mais parce qu'on a envie de boire en quantité
« suffisante pour devenir alcoolique. » Tout réside
dans cet appétit de l'alcool. L'alcoolisme ne serait
plus directement produit par des alcools plus ou
moins purs : la qualité deviendrait d'ordre secon-
daire. Mais il est d'une science comme d'une haute
montagne : selon qu'on l'observe d'un point ou d'un
autre, la science comme la montagne prend un aspect
tout différent. Considérons la toxicité des alcools du
commerce : l'individu usant de ces alcools s'alcooli-
sera plus promptement que celui consommant de
l'alcool de vin. De ce côté le danger est indéniable :
il importe peu, dans l'espèce, que l'individu poussé
par cette passion de boire soit un cérébral ou non.

Nous sommes amené à parler de l'alcoolisation des
vins. En principe, à notre avis, elle doit être condamnée, qu'elle s'exerce sur la cuve ou dans le
tonneau. Dans l'alcoolisation au tonneau, on introduit
dans le vin des alcools, toxiques presque toujours ;
on augmente sa moyenne alcoolique naturelle. La
supercherie s'en mêle : 5 à 600 millions d'hectolitres

allemands sont, de cette manière, introduits chez nous par les vins d'Italie et d'Espagne. M. Escanyé présenta à la Chambre des Députés, en mars 1879, un projet de loi qui avait pour objet d'affranchir du droit actuel de consommation tous les alcools destinés au vinage. Ce projet de loi fut rejeté. La Chambre agit sagement : elle ne voulut pas compromettre la santé publique. Le vinage opéré sur la cuve est également nuisible. Nous ne sommes plus au temps où M. Bergeron, dans un rapport sur le vinage, soutenait devant l'Académie de Médecine, que dans le vinage sur la cuve, l'alcool ajouté prenait part aux réactions qui se manifestent pendant la fermentation du moût, se mélangeait intimement, se combinait même aux divers éléments du vin et agissait par suite moins librement et moins énergiquement que lorsqu'il n'était que simplement dilué. C'était là pure hypothèse, simple théorie. M. Bergeron étayait son opinion sur des expériences cliniques.

M. Chevreul avait déjà démontré qu'une des causes de la lenteur progressive d'une fermentation est due au développement de l'alcool paralysant les propriétés de la levûre. Des belles expériences de M. Henri Boussingault, il résulte que la matière sucrée, dans une fermentation alcoolique, est détruite en grande partie grâce à l'expulsion de l'alcool et de l'acide carbonique pendant la fermentation. Au fur et à mesure que la quantité d'alcool augmente, la fermentation se ralentit. Si vous ajoutez de l'alcool sur la cuve, vous abrégez l'acte de la fermentation, vous laissez une quantité de moût non décomposé : l'alcool ajouté se mêle à l'alcool déjà formé sans subir aucune modification. Quand le moût, sous l'influence du ferment, se décompose en alcool et en acide carbonique, l'alcool se répand à travers le liquide sucré. Puis il agit ensuite sur la levûre comme antiseptique, l'annihile, lorsque sa quantité se trouve assez considérable dans le liquide. Les conclusions de M. Bergeron ne sont donc pas acceptables.

Que si l'on veut élever le degré alcoolique d'un vin, on se servira du procédé suivant simple et avantageux : On ajoutera dans la cuve une certaine quantité de sucre de canne ou de sucre de raisin. Les sucres de betteraves renfermant du sulfate de chaux et des matières organiques dont l'odeur est désagréable, parfois aussi de l'arsenic, seront rejetés. On ne se servira pas non plus du sucre de fécule qui peut, en fermentant, donner naissance à des alcools supérieurs.

Les différentes solutions proposées pour résoudre la question des alcools passionnent vivement l'opinion publique. Les alcools du commerce contiennent toute la série des alcools secondaires : de là le danger; de là les difficultés. Les hommes politiques interviennent. Les savants pèsent gravement leur décision.

Les uns veulent que l'État devienne commerçant : les alcools ne seront plus nuisibles. Le contrôle sera sévère. Les alcools bien rectifiés seront enfermés dans la bouteille protectrice imaginée par M. Aglave. Les autres critiquent amèrement cette idée. On ne s'entend pas : on s'invective. Et durant ce temps, la criminalité augmente ; la folie accomplit son œuvre terrible. Ni ceux-ci ni ceux-là se soucient de remplir leur devoir. Quant à nous, la politique devant répondre à cette définition donnée par Bossuet : « La vrai fin de la politique est de rendre la vie commode et les peuples heureux », nous supplions nos députés de se souvenir des paroles de l'orateur chrétien, parce que la première condition d'être heureux pour un peuple, c'est d'avoir la santé. Par la santé, il travaille, et, par le travail, il vit une vie commode. La santé et le travail sont solidaires. Faites que le travailleur puisse vivre à bon compte et vous aurez terrassé l'alcoolisme.

II. — L'Alcoolisme et la Stérilité.

> « On peut affirmer que si l'ivrognerie
> continue à se développer chez les Bre-
> tonnes, dans 30 ans elle aura détruit
> une vieille race qui avait conservé à
> travers tant de siècles, son originalité,
> sa virilité et sa grandeur. »
>
> Dʳ DEVOISINS.

Dans une fort belle étude présentée sous forme
de thèse à la Faculté de Philosophie de Helsingfors,
M. Tallqvist a essayé de reconnaître l'influence de la
richesse et du sentiment religieux sur la natalité
dans le mariage. Après avoir passé en revue les
départements de la France et avoir montré que plus,
dans un département, les livrets de caisse d'épargne
sont nombreux, plus la natalité y est faible ; que plus
il y a de contrats sur 100 mariages, moins y a de
naissances ; que les mêmes faits existent en Suisse, en
Prusse, M. Tallqvist conclut que la natalité dans le
mariage — la prévoyance dans le mariage — est en
rapport direct avec la fortune et le sentiment religieux. Cette conclusion est vraie. Seulement le sentiment religieux est en rapport direct avec les ressources du pays : plus un pays est riche, moins il est

religieux. Son intelligence et son instruction lui ont
ôté sa crédulité. Prenons, par exemple, le Finistère
ou le Morbihan. Dans ces deux départements, les
plus pauvres de France et qui comptent le plus de
mendiants, le sentiment religieux, ou plutôt une
croyance superstitieuse, y est très vivace. Actuellement, les naissances y dépassent 30 pour 1,000. Il
est certain qu'au fur et à mesure que l'instruction se
répandra dans ce coin de notre pays, dégrossira les
esprits, un bien-être inconnu jusqu'ici remplacera
peu à peu la pauvreté. Et vous assisterez à ce spectacle affligeant d'une région où les naissances bais-
seront aussitôt ! C'est que, dans notre France, qui
est le pays où l'on épargne le plus, le paysan enrichi,
l'ouvrier à l'aise, ne voudront plus se charger d'une
nombreuse famille. Ils se seront à eux-mêmes créés
des plaisirs qu'ils n'avaient pas goûtés jusqu'alors.
Comme s'ils avaient été longtemps contenus dans
leurs passions, ils laisseront à celles-ci le soin de les
diriger. Et les stations au cabaret seront longues !
S'il y a corrélation entre la pauvreté et les naissances,
entre celles-ci et le sentiment religieux, il y a corrélation entre le bien-être et l'alcoolisme. Car le bien-
être entraîne à sa remorque, avec la stérilité voulue,
l'alcoolisme, qui entraîne, lui, l'affaiblissement de

l'espèce. Voyez la Normandie : pays de l'alcoolisme et de la stérilité. Là, la richesse est magnifique ; les industries de toutes sortes y sont florissantes. Livrée à elle-même, la race normande aurait le sort des races océaniennes, elle disparaîtrait. Certes, on pourrait invoquer la théorie de M. Tallqvist et dire : « La Normandie est un pays riche ; par conséquent si la natalité y est très petite, la prévoyance dans le mariage doit y être très grande. » En raisonnant ainsi, Malthus dormirait content. Quant à moi, si j'osais exprimer une opinion sur une question aussi ardue et aussi délicate, je dirais que l'impuissance de ses habitants doit être une des principales causes de la diminution de la natalité. En effet, le professeur Forster, d'Amsterdam, auquel je me plais ici à rendre un public hommage, autant pour son savoir que pour sa bienveillance à mon égard, a bien voulu me communiquer quelques-unes de ses notes se rapportant à ses expériences sur le rôle de l'alcool dans l'organisme. Ce savant a constaté que chaque ingestion d'alcool était suivie d'une augmentation sensible d'acide phosphorique dans l'urine. Dans son laboratoire d'hygiène, il a expérimenté sur des sujets bien portants. Après les avoir laissés jeûner pendant cinquante et soixante heures, il leur a administré, aux moments où la faim se faisait périodiquement sentir, une certaine dose d'alcool ; puis il a recueill les urines et a dosé la quantité d'azote excrété. Rien de particulier ne fut noté à cet égard ; mais on remarqua que chaque ingestion d'alcool était suivie, au bout d'une heure ou deux, d'une augmentation sensible de la quantité d'acide phosphorique éliminé. On voit, sans qu'il soit besoin d'insister sur la gravité de ces conclusions, que l'alcool aurait pour conséquence immédiate une excrétion exagérée d'une substance faisant partie intégrante de l'organisme humain. Sous l'influence de l'alcool, l'organisme s'affaiblit, puisque l'acide phosphorique s'élimine et l'épuisement mine le corps, comme l'alcool, lentement, empoisonne le foie et le cerveau.

Le professeur Forster a donc expliqué scientifiquement une des actions de l'alcool sur l'organisme. Déjà M. Parket, de Nettley, avait remarqué qu'en soumettant un nombre d'hommes de même âge et à peu près de force égale aux mêmes travaux, la plus grande somme de travail était fournie par les hommes buvant du thé, du café, du cacao ou de l'eau ; la plus petite, par ceux buvant de l'alcool. Mais M. Parket en divisant ces mêmes hommes en deux bandes, et en mettant à la disposition de l'une des boissons alcooliques, à la disposition de l'autre, du thé, du café ou de l'eau, remarqua que, tout d'abord, les hommes buvant des boissons alcooliques accomplissaient un travail plus grand; la troupe abstinente ne prenait une grande avance sur l'autre qu'à la tombée de la nuit. Ces mêmes exercices répétés durant plusieurs jours confirmèrent les premiers résultats.

Proust, dès l'année 1813, dans ses remarques relatives à la quantité d'acide carbonique émise par les poumons au moyen de la respiration, avait constaté que l'acide carbonique exhalé à 11 heures 40 du matin, avant qu'on eût bu du vin, formait 4 0/0 de l'air expiré. Prenait-on 3 onces de vin ? il tombait à 3 0/0 ; à 3 heures 30 il était encore à 3.10 0/0. Prenait-on une demi-pinte de vin? dix minutes après il redescendait à 3 0/0 ; à 5 heures du soir il tombait à 2,7 0/0. Proust avait donné l'explication physiologique du fait annoncé par M. Parket il y a quelques années. Nous comprenons très bien aujourd'hui, — contrairement à l'idée si répandue que les boissons alcooliques sont très utiles à ceux qui se livrent à des travaux fatigants, — que l'alcool ne puisse que diminuer la capacité de travail. D'un côté, c'est un modificateur passager du système nerveux ; d'un autre, c'est un affaiblissant. Proust et Forster nous ont édifiés sur son action.

Et maintenant jetez un coup d'œil sur le tableau de la consommation de l'alcool en Normandie, et vous vous expliquerez la stérilité forcée de ses habitants. Ainsi :

Le Havre consomme 14 litres 1 d'alcool par an et par habitant, soit 38 gr. par jour.

Caen consomme 13 litres 3 d'alcool par an et par habitant, soit 36 gr. 4 par jour.

Rouen consomme 13 litres d'alcool par an et par habitant, soit 35 gr. par jour.

Evreux consomme 11 litres d'alcool par an et par habitant, soit 30 gr. 1 par jour.

M. Cheysson, le savant président de la Société de statistique de Paris, s'est demandé, avec raison, d'où provenait cette stérilité. Jetant un coup d'œil sur le Canada, où les rejetons de cette race normande se sont si bien multipliés, M. Cheysson, compare et s'étonne. « Ils étaient 60,000 en 1663, dit-il, lorsque Louis XIV céda aux Anglais ces quelques arpents de neige ; ils sont 1,500,000 aujourd'hui, sans compter les 500,000 qui ont passé le Saint-Laurent pour s'établir aux États-Unis. » Cette même race prolifique ici, stérile là, méritait qu'on recherchât les causes qui l'ont si rapidement différenciée. Tandis que les Normands du Canada s'accroissent suivant les lois naturelles, les Normands de France finissent leur race faute de descendants. Voilà le fait dans sa brutalité.

Empruntons quelques chiffres à la statistique de 1883 pour soutenir nos dires :

Départements.	Naissances.	Décès.
Calvados. . . .	8,818	9,934
Eure.	6,842	8,128
Manche	11,636	12,472
Orne.	6,760	8,632
Totaux . .	34,016	39,066

Le chiffre des naissances est inférieur de 5,000 à celui des décès! L'alcoolisme serait-il directement le coupable? La Normandie serait-elle gangrenée par ce vice redoutable au point de s'éteindre et de disparaître ? Si vous pensez que l'alcoolisme ne peut pas être mis seul en cause, considérons un de ces départements, celui de la Seine-Inférieure. Parcourons-le en prenant pour guide M. A. Tourdot, qui s'y est livré à d'intéressantes recherches. Les débits de boissons, en 1883, s'y élèvent à 12,092, soit un pour 67 habitants ! A Rouen, il a été consommé en 1882, 58 litres de vin par habitant, 121 litres de cidre, 16 litres de bière et 17 litres d'alcool. En eau de vie à 45°, cela représente

37 litres environ! Ce n'est point tout : au chiffre de l'alcool légalement contrôlé, il faut ajouter 2 millions d'hectolitres échappant aux droits perçus par la régie! Eh bien! je le demande à tout homme impartial, peut-on s'étonner si les sources de la vie disparaissent dans ce pays? Le mal réside dans l'alcoolisme : c'est lui seul qu'il faut incriminer. Cette stérilité ne peut être comparée à celle de la Charente, de la Gironde ou du Lot-et-Garonne. La richesse ici est prévoyante. Tandis que d'un côté c'est une stérilité voulue : de l'autre, c'est une stérilité forcée. Ici la race n'est pas atteinte dans sa vitalité; là elle s'étiole et se flétrit. Chez les uns, les sources de la vie sont réglées bien qu'intarrissables : chez les autres, elles se dessèchent.

Supposez-vous, au contraire, que dans la Normandie, la prévoyance dans le mariage limite le nombre des enfants? Ce vice n'en est pas moins funeste dans ses effets. Car quelle que soit l'opinion que l'on professe, *si* l'alcoolisme n'est pas la cause de l'impuissance, il en est la raison. La vie de l'ouvrier et du paysan sevrée de toute illusion, de tout idéal, puisque la paternité est reniée, prend pour but le libertinage et l'alcoolisme. Ah! que les moralistes ont une belle mission à remplir. Au lieu de parler s'ils agissaient, plus sûrement ils arriveraient à leur fins. Mais ils me rappellent cette première phrase du *Vicaire de Wakefieed* : « J'ai toujours considéré qu'un honnête homme qui se mariait et élevait une nombreuse famille, rendait plus de services à la société que celui qui restait célibataire et se bornait à parler de la population. » Et cependant à tous les Français, les économistes et les médecins montrent le mal. Comme eux, dans ce concert scientifique, je fais entendre ma faible voix, et m'adressant à tous mes lecteurs je les supplie de peser dans leur esprit, de se rappeler souvent ces paroles du chef actuel du Positivisme : « La fin du siécle est pleine de menaces. La guerre est devant nous sous toutes ses formes : guerres politiques, peut-être guerres sociales ou religieuses. On ne peut songer à cet avenir sans quelque secrète angoisse ; on ne peut s'empêcher de se demander qui sera vainqueur dans la lutte suprême : le peuple qui aura accumulé des hommes ou celui qui n'aura accumulé que des pièces de cent sous. » Nous sommes rongés par ces deux chancres : l'alcoolisme et la stérilité. Aurons-nous le courage et l'énergie de nous en délivrer.

TOXICOPOLIS.

Lecteur, je veux te conduire aujourd'hui dans une ville que mon imagination a enfantée. Par ces temps de chaleur accablante, tu me sauras gré de ne ne pas alourdir tes paupières par quelque dissertation savante que tu aurais bien fait, du reste, de ne pas lire. Insistant sur les traces du docteur B.-W. Richardson, médecin anglais distingué, je désire qu'au travers de ce qu'il y a d'ingénieux dans mon histoire, tu saches trouver la vérité, en un mot, que tu rompes l'os pour en sucer « la substantifique moelle ». Suppose, — ce qui est vrai, — qu'il y ait dans notre chère France 400,000 débits de boissons fermentées et que chacun de ces débits occupe, en moyenne, cinq personnes. Puis, par un léger effort d'imagination, figure-toi que ces 400,000 maisons se sont groupées et forment un seul tout, une ville qui s'appelle « Toxicopolis » ou la capitale des poisons et qui compte, comme Paris si tu le veux, trois millions d'habitants. C'est dans une ville ainsi abreuvée que nous allons ensemble nous promener.

A première vue, les habitants ne diffèrent pas

beaucoup de ceux des autres capitales : cependant çà et là sur les trottoirs, on aperçoit bien quelque individu en proie à une crise de « delirum tremens » : ce spectacle est si habituel que le passant ne daigne même pas s'attarder dans sa course. Les compagnies d'assurances sur la vie font de mauvaises affaires, car la valeur marchande de la vie humaine y est si faible, qu'il est à peu près impossible de contracter une assurance; du moins, les primes d'assurances sont si chères que personne n'est assez riche pour se payer un pareil luxe. Ce sont les cabaretiers qui tiennent le haut du pavé. L'aristocratie des buveurs a ses « palaces cabarets ». A côté de ces « palaces cabarets », s'en trouvent d'autres moins riches en dorure, mais si confortables et si bien agencés que les habitués y passent la nuit à boire et à jouer. Puis viennent les cabarets borgnes où grouillent toute une population douteuse; un banc, un tabouret, une table autour de laquelle sont groupés des enfants chétifs et malingres, des femmes en haillons, maigres et pâles, des hommes aux yeux hagards, à la physionomie hébétée, tout ce monde préférant l'excitation de l'alcool aux nourritures plus substantielles.

Lecteur, je t'aperçois lisant ces lignes et haussant

les épaules avec un air de dédain. Eh bien ! Ce tableau fantaisiste est cependant plus proche de la réalité que tu ne le supposes. L'histoire se recommence, dit-on. Regarde en arrière. Vingt ans après la mort de Caton, veux-tu savoir quel spectacle offrent les cabarets de Rome ? — Les Romains sont nos ancêtres et nous avons quelques-uns de leurs défauts. — Ecoute ce que dit Macrobe (Sat. II — II) : « Les juges soigneusement parfumés boivent et jouent aux dés toute la matinée... à la dixième heure, ils se rendent au tribunal... sur le chemin, ils s'arrêtent à tous les coins de rue, l'auteur dit ce qu'il y font, mais je ne veux pas le traduire. — Ils arrivent l'air rogue... le président appelle les témoins ; pendant leur déposition, il sort. — Tu devines pourquoi ; son retour il déclare la cause entendue, se fait remettre les pièces, y jette les yeux ; mais à peine s'il peut les tenir ouverts, tant ils sont appesantis par le vin. Le moment venu de délibérer : « Que me font, dit-il, tous ces niais ? Ne vaut-il pas mieux boire un bon coup de vin grec, mêlé de miel, manger une grive grasse et quelque poisson succulent pris entre les deux ponts du Tibre ? » Les juges se grisaient comme tous les simples citoyens. Dans les mœurs il n'y avait plus aucune retenue. Les cabarets regorgeaient de clients et se multipliaient. Les propriétaires de ces cabarets étaient les rois de Rome, comme les rois de Toxicopolis sont les cabaretiers. De même qu'à Rome, indirectement ou directement, ils faisaient les lois, les révolutions, de même dans notre ville, ils font les révolutions, ils décident des élections, et un jour viendra où ils choisiront les magistrats et où ils décideront de la paix ou de la guerre. Mais d'où vient donc leur pouvoir? — De leur connaissance approfondie dans la chimie des poisons. Si le prêtre a son bréviaire, l'avocat son code, le médecin son formulaire, lui, le cabaretier, ce haut et puissant seigneur, possède un ouvrage admirable, la *Pharmacopée toxicopolitaine* où il trouve toutes les recettes pour empoisonner les populations, sans courir le risque de se voir en cour d'assises. Quelques années lui suffisent pour faire sa fortune. Ouvrons la « Pharmacopée toxicopolitaine ». Lisons quelques paragraphes au hasard.

Gin. — La qualité crémeuse et le velouté tant admirés du gin de genièvre sont ordinairement l'effet de l'âge. Habituellement on préfère obtenir d'emblée ces conditions par l'addition d'une certaine quantité de sucre, d'une gousse d'ail, et de quelques gouttes de baume de Canada additionnées d'essence de térébenthine. Si l'on préfère que la liqueur « morde le palais », ce qui la fait ordinairement considérer comme étant de qualité tout à fait supérieure, il suffit d'y ajouter un peu de *potasse caustique*. Le raifort coupé et en tranches et bien digéré dans le gin lui donne du moelleux et du piquant.

Bière. — Se prépare avec de la noix vomique, du laurier, de l'alcool à bon marché.

Vin. — Se fabrique avec toutes sortes d'ingrédients, excepté avec du raisin, etc...

Arrêtons-nous. Ces formules savamment composées doivent nécessairement dégrader l'organisme. Pourquoi s'étonner si l'alcoolisme, les maladies qui en découlent, les aberrations mentales, les folies diverses qui en sont la conséquence, la faiblesse générale, les suicides, sont les plaies qui rongent les habitants de Toxicopolis. Lecteur, je te demande un remède capable d'enrayer le mal. Les cabaretiers sont tout-puissants : ce sont nos maîtres. Cyniquement ils disent comme le héros de Rabelais : « Beuvez toujours, vous ne mourrez jamais, » et ils continuent à tuer et à empoisonner. Toxicopolis est un danger public: agissons. Que les pouvoirs publics rompent avec les petits rois qui font les élections, ou que les filles se liguent entre elles, comme à Newton, pour écarter tous les prétendants consommant de l'alcool! Du moins dans une question si peu comique, nous pourrons rire un peu.

CHAPITRE IV

A TRAVERS LA SCIENCE

LA CRÉMATION CHEZ LES ROMAINS. — L'EPHESTIA KUENHIELLLA. — DE L'UTILITÉ DES APPAREILS A FILTRER LES EAUX. — DU ROLE DU FER DANS L'ORGANISME. — LE CORAIL. — LETTRE A UNE PARISIENNE. — LA CORALLINE.

La Crémation chez les Romains.

> Nunc fueras, nunc es iterum.
> (Renier. — Inscriptions d'Algérie, 717.)

Ipsum cremari apud antiquos non fuit veteris instituti. Si nous nous en rapportions à ces paroles de Pline, nous penserions que la crémation ne remonte pas à une haute antiquité. Le naturaliste romain a le soin de se contredire lui-même. Dans son Histoire naturelle, il nous apprend que le roi Numa défendit, par une clause de son testament, d'arroser son bûcher avec du vin. Donc, avec Plutarque, nous pensons que l'usage de la crémation s'introduisit à Rome, peut-être avant Numa, mais très certainement sous son règne. A l'époque où fut rendue la loi des Douze-Tables, elle était entrée dans les mœurs des Romains. On fut obligé de la réglementer. Défense fut faite de brûler les corps dans l'intérieur de la ville. Lorsque la République touchait à sa fin, la crémation était devenue, sans être obligatoire, presque universelle. Elle ne disparut complètement des usages et des mœurs que vers le quatrième siècle de notre ère. L'avènement du christianisme lui porta un coup terrible. Cette religion nouvelle, modifiant profondément tous les us et coutumes, devait encourager l'inhumation plus conforme à ses doctrines sur la résurrection du monde. La crémation fut donc abandonnée. Il nous faut traverser une période de près de quatorze cents ans pour voir réapparaître, pour la première fois, dans le monde moderne, l'idée de crémation. C'est en effet, sous le Directoire, en l'an V de la République, que fut déposé sur la tribune du Conseil des Cinq-Cents, un rapport proposant que chacun fût libre de se laisser porter au bûcher après sa mort. Aujourd'hui, dans tous les pays civilisés, l'idée de la crémation a fait de très sérieux progrès. Des sociétés se sont fondées pour l'encourager. Il semble cependant que le peuple résiste au courant, se tient sur la réserve. Dans la vie civile, les exemples de crémation sont rares ; je ne parle pas pour la France, les lois en vigueur le défendant. Mais en Italie ? Quelques personnalités influentes, comme autrefois à Milan le baron Keller, essaient, par leur propagande, et par la résolution qu'ils prennent de se faire brûler après leur mort, d'amener le peuple à leurs idées. C'est en vain. Je sais bien que pour qu'une idée fasse son chemin dans l'esprit public, le temps est le plus sûr des conseillers, bien qu'on ne lui obéisse que très lentement. Mais quand une idée est juste, elle triomphe toujours. Je ne pense donc pas, comme l'a proposé M. Maret-Leriche, qu'il soit nécessaire de décréter la crémation obligatoire : qu'elle soit seulement autorisée, et bientôt elle deviendra universelle. A Rome, sous Numa, elle n'était réservée qu'à quelques citoyens possédant de très grandes richesses ; deux siècles après, le peuple en était le plus fidèle partisan. Si le lecteur veut bien me suivre dans mon étude, je le ferai assister à une crémation à Rome.

*
* *

Le bûcher était dressé en dehors de l'enceinte de
Rome. Quelques familles privilégiées avaient conservé le droit de brûler leurs morts dans l'intérieur
de la ville : c'était un droit dont elles n'usaient pas.
Le bûcher était construit en forme d'autel, et autant
que possible avec des bois résineux. Pour que la
combustion s'accomplît plus facilement, on ajoutait
des essences très inflammables.

L'élévation du bûcher tenait à la condition du
défunt. Suivant son rang, sa condition sociale, la
hauteur devenait plus ou moins grande. Tout autour
du bûcher, pour arrêter la mauvaise odeur, l'empêcher de se propager au loin, on disposait une sorte
de muraille de cyprès. La fumée ainsi arrêtée, les
assistants se trouvaient, faiblement incommodés.
Quand toutes ces dispositions étaient prises, avant
de placer le cadavre sur le bûcher et de mettre le
feu, on remettait au mort les anneaux qu'auparavant
on lui avait enlevés ; on lui donnait un dernier
baiser et on lui ouvrait les yeux. Le cadavre placé
sur le bûcher, les plus proches parents mettaient le
feu et, détournant la tête, témoignant ainsi qu'ils
n'obéissaient que poussés par une cruelle nécessité.

On priait les vents d'alimenter les flammes : leur intervention était considérée comme un heureux présage.

Sur le bûcher, comme nous l'avons dit, on répandait des parfums et des essences odorantes bien qu la loi des Douze-Tables l'interdît. A la mort de Scylla, les dames romaines offrirent pour ses funérailles une telle quantité de cinnamome et d'encens, qu'on éleva au dictateur une statue de grandeur naturelle. Cette statue fut brûlée avec le bûcher. Lorsque le défunt était un simple citoyen, on brûlait ses vêtements, ses insignes. Etait-ce un général ? on brûlait avec lui ses armes et les dépouilles ravies à l'ennemi. Puis les soldats avec lesquels il avait triomphé et qui l'avaient accompagné jusqu'au bûcher, après en avoir fait trois fois le tour, frappaient leurs armes les unes contre les autres et les jetaient ensuite dans les flammes.

Pendant que le bûcher se consumait, on sacrifiait en l'honneur du défunt. Généralement, c'étaient des brebis qu'on immolait ; puis on jetait leurs chairs dans les flammes.

Le bûcher étant à peu près consumé, on l'arrosait avec du vin. Quand il était éteint, les parents s'approchaient et recueillaient les os du défunt. Ces os étaient arrosés avec des parfums, lavés, et placés dans des urnes funéraires. Un sépulcre se trouvait tout arrangé pour recevoir ces urnes. Il semblerait que les funérailles commençaient alors seulement. Les Romains pouvaient, durant ces secondes funérailles, étaler toute leur pompe : pour eux, l'égalité devant la mort n'était qu'un vain mot.

Mais si la crémation avait pénétré dans toutes les classes de la société, les cadavres des pauvres seuls qu'on jugeait indignes d'être purifiés par le feu, étaient simplement inhumés et jetés aux Esquilins. Quand une épidémie sévissait, que l'intérêt de tous le commandait impérieusement, par mesure d'hygiène, on brûlait instinctivement tous les cadavres. Martial nous parle d'un bûcher qui reçut mille cadavres. Macrobe nous raconte, au sujet de cette crémation exécutée en grand, une coutume assez bizarre : on mettait un cadavre de femme sur dix cadavres d'hommes. L'historien romain se charge lui-même de donner l'explication de cet usage. « La femme, dit-il, a plus de calorique que l'homme ; elle s'enflamme plus aisément et amène ainsi une combustion plus complète du bûcher. Elle remplace avantageusement les essences inflammables dont on se servait d'ordinaire. »

Il n'y avait pas seulement que les pauvres qu'on inhumait : certaines catégories d'individus n'étaient pas brûlés : les enfants morts avant d'avoir des dents ; les personnes frappées de la foudre.

*
* *

Les idées romaines bien plus que les idées modernes luttaient contre la crémation. Peu à peu, les Romains qui pensaient que la vie se continuait après la mort, dans les mêmes conditions, mais dans un milieu différent, se rangèrent à cet usage. Et pourquoi même ceux qui sont le plus versés dans la religion chrétienne n'accepteraient-ils pas la crémation ? Il me semble qu'il n'est pas plus difficile à Dieu de nous faire renaître de nos cendres que de notre squelette. Reprenons donc la tradition interrompue : le feu est le purificateur suprême ; l'inhumation ne présente dans les grandes villes que des inconvénients. Et sans vouloir, comme M. Maret-Leriche, qu'on jette les cendres au vent, — mon savant confrère a-t-il besoin comme Marius, que quelque vengeur renaisse un jour de ses cendres ? — nous voulons qu'on les recueille toutes indistinctement. Le temps et l'oubli se chargeront de les restituer à la terre. Du reste, je ne sais aucun grief a opposer à la crémation. Déjà en 1814, après la paix de Paris; en 1870, après Sedan; en 1877, après la guerre turco-russe, ne l'a-t-on pas pratiquée? Quelqu'un a-t-il protesté? Quelle est la philosophie, en effet, qui ne prend pour son compte la vieille inscription latine : *Nunc fueras, nunc es iterum.*

L'Ephestia Kuenhiella.

Christophe Colomb en découvrant le Nouveau-Monde a rendu décidément un mauvais service à l'Ancien. Voici qu'un nouvel insecte fait son apparition en France. C'est l'Amérique qui nous l'envoie, comme elle nous a déjà envoyé le mildew, le phylloxera. Cet insecte, ou plutôt cette chenille, appelée l'*Ephestia kuenhiella*, habite dans la farine de blé. Ses ravages sont considérables et occasionnent de sérieux dommages. Quelle destinée que la nôtre! Que si nous augmentons la fécondité de la terre par d'ingéuieux artifices, pour récompense de nos peines, nous récoltons un parasite qui détruit lentement, et en secret, le fruit de nos labeurs. Notre pauvre humanfté ne peut marcher dans la route du progrès sans rencontrer des barrières dressées. La parole biblique sera donc toujours éternellement vraie : « L'homme récoltera son pain à la sueur de son front. » Tous les efforts de son intelligence pour améliorer son passage sur cette terre, pour approcher de l'âge d'or, viendront-ils se briser contre l'œuvre des infiniment petits, ses implacables et immortels ennemis ? L'homme heureusement ne se décourage pas; s'il doutait un seul instant de sa force, c'en serait fait de lui.

Il se révolte contre cette marâtre nature qui aiguillonne incessamment son esprit et lui tend des embûches calculées sur son degré de civilisation. Aussi, comprenant combien est profonde la parole du poète-philosophe romain :

Homo sum ; nihil humani a me alienum puto
Je suis homme: rien de ce qui est humain ne m'est étranger,

il suit attentivement les travaux des savants qui, dans le silence du laboratoire, déchirent un morceau du voile recouvrant les secrets de la nature.

S'il est vrai.

. . . . qu'au monde où nous sommes
Nul ne peut se vanter de se passer des hommes

qui donc oserait se passer de la science ?

La science chaque jour nous vient en aide.

Aujourd'hui, par la bouche de M. Balland, pharmacien-major distingué, elle nous apprend que la substance azotée du blé s'oxyde et donne naissance à des alcaloïdes analogues à ceux qui se forment dans l'être vivant ou mort, alcaloïdes découverts et étudiés par le professeur Gautier.

Cette oxydation se produit surtout dans les farines anciennes. De là, nécessité absolue de ne pas les conserver longtemps en magasin. Hier, elle nous signalait, encore dans la farine, la présence de l'*Ephestia kuenhiella*. Cette chenille fut remarquée pour la première fois, en Allemagne, par M. Zeller, en 1879. En France, on l'a observée sur quelques points du Midi, et, plus récemment, à Nantes, dans les bâtiments affectés au service des subsistances militaires.

Voici d'après M. Hünckel d'Herculais, aide naturaliste au Muséum, quelques indications scientifiques sur ces chenilles. Elles sont blanches comme toutes les larves qui vivent à l'abri de la lumière, avec la tête brune et une plaque anale de même couleur : leur maximum de taille atteint environ un centimètre. Elles sillonnent la farine de galeries tubulaires qu'elles tapissent de soie blanche à la façon des teignes qui vivent dans les gâteaux des

abeilles. Les galeries sont si rapprochées et si nombreuses que la farine semble enchevêtrée de toiles
d'araignées. Lorsque vient l'heure de la métamorphose, ces chenilles se tissent un petit cocon de soie
blanche dans lequel elles se transforment en une
minuscule chrysalide aux teintes fauves. C'est après
la saison d'hivernage, en avril et mai, que s'opère
cette transformation : les papillons éclosent dans le
courant du mois de mai. La ponte faite, la nouvelle
génération des chenilles effectue son évolution en
juin et juillet et donne une seconde génération en
novembre et décembre. Si les conditions climatolo-
giques sont favorables, une éclosion précoce a lieu
en décembre, mais en général les chenilles hivernent.

Le papillon, dans son plus grand développement,
peut mesurer 20 à 25 millimètres ; il a les ailes
supérieures et le corps d'un ton général gris cendré
produit par le contraste d'écailles d'un beau blanc
nacré. A la loupe, sur les ailes supérieures, vers le
premier quart, se dessine une fascie noire et grise,
sinueuse et transversale : vers le second quart, se
montre une seconde fascie moins accusée ; enfin, vers
l'extrémité, et partant obliquement du bord supérieur, se trouvent deux raies noires, courtes et
étroites, séparées par une raie blanche, au-dessous

desquelles apparaissent trois petites lignes noires ; en dehors de la frange, qui est cendrée, il existe une ligne crénelée dont les créneaux sont alternativement noirs ou blancs. Les ailes inférieures sont blanches avec les bords et les nervures d'un gris pâle ; elles sont ornées d'une frange blanche assez longue.

Les farines ravagées par l'*Ephestia* peuvent, d'après les expériences de M. Hünckel subir des pertes variant entre 30 et 40 0/0. Ces pertes contestées par M. Balland ne s'élèveraient pas, selon lui, à un chiffre aussi fort. Quoi qu'il en soit, voilà nos boulangers et nos minotiers avertis. Aussitôt que la présence de cet insecte aura été constatée, il faudra tamiser la farine et l'utiliser sans retard. Ce procédé a été suivi à Cambrai et à Amiens par M. Balland : nous ne saurions trop le recommander.

*
* *

« Comment constater la présence de l'*Ephestia kuenhiella ?* A Paris, on ne peut être embarrassé. Les laboratoires d'analyses micrographiques sont nombreux. En province, on s'adressera au pharmacien. Par ses connaissances multiples et étendues il s'acquittera consciencieusement de la besogne. Mais il est nécessaire qu'au moindre soupçon la farine soit examinée. Surtout, on se gardera d'opérer des mélanges de farines avariées avec de bonnes farines. Le remède serait pire que le mal car bientôt le mélange serait gâté. Outre l'*Ephestia* on a rencontré dans la farine un acarien, le *tyroglyphus farinæ*. On s'assure de sa présence en étalant un peu de farine entre deux feuilles de papier. La surface est unie à l'aide de la main. La feuille supérieure enlevée, si des petits monticules se dessinent au-dessus de la farine, on recherche dans ces monticules le parasite à l'aide de la loupe et d'une pointe mouillée. Mieux vaut encore examiner au microscope. On tamise la farine si l'acarien s'y trouve.

D'après cette étude, on comprend qu'il faut apporter à l'examen de la farine, si on veut la conserver bonne, une minutieuse attention. Que les boulangers et les minotiers fassent leur profit de ces conseils. L'éveil est donné. S'ils se laissent surprendre, ils ne pourront que s'accuser eux-mêmes d'une inexcusable incurie.

DE L'UTILITÉ DES APPAREILS A FILTRER LES EAUX.

A monsieur le ministre de la Guerre,

« J'ai eu l'honneur, dans une chronique de l'*Estafette*, d'appeler votre attention sur les avantages qu'il y aurait à munir nos soldats d'appareils à filtrer, analogues à ceux que possède depuis longtemps déjà l'armée anglaise. En France, si pour être entendu, il faut crier fort, pour être écouté, il ne s'agit pas d'avoir raison. Je ne veux certes point vous accuser d'incurie. Je connais trop bien l'esprit de réforme qui vous anime : aussi j'ai foi quand je m'adresse à vous. Mais vous ne serez point surpris si cette question intéresse une grande partie de la nation et si votre réponse est attendue avec impatience.

« Vous n'ignorez pas, monsieur le ministre, que la question des eaux potables a préoccupé et préoccupe encore les hygiénistes les plus éminents. Hier c'était M. Jungfleich qui adressait au conseil d'hygiène un rapport sur les eaux de la Seine souillées par les bateaux-lavoirs. Vous-même, vous avez reçu les doléances du Conseil de santé des armées. Et, jusqu'ici qu'a-t-on fait pour répondre à ces justes exigences? Rien. Et cependant l'eau est le véhicule de toutes les maladies épidémiques. C'est par elle que se propage la fièvre typhoïde : chaque année, dans l'armée, cette terrible maladie, moissonne de nombreuses victimes. En France, dans la plupart des casernes, les puits se trouvent creusés à côté des latrines : je pourrais, monsieur le ministre, vous indiquer quelques villes où la fièvre typhoïde règne en maîtresse dans le monde militaire, malgré les efforts dévoués des médecins. La cause de la maladie n'est point ignorée. Les réclamations sont vaines. Pour qu'une eau soit potable, il ne s'agit pas, en effet, comme l'a écrit Guérard : « qu'elle soit limpide, tempérée en hiver, fraîche en été, inodore, d'une saveur agréable. Qu'elle dissolve le savon sans former de grumeaux, qu'elle soit propre à la cuisson des légumes secs, qu'elle tienne en dissolution une proportion convenable d'air, d'acide carbonique et de substances minérales, ces dernières n'excédant jamais 0.50 c. par litre ; et qu'elle soit exempte de matieres organiques. » Une eau peut contenir des matières organiques et n'être pas malsaine ; elle peut aussi ne pas en contenir et être nuisible. Donc, il ne s'agit pas qu'une eau ait été déclarée bonne à l'analyse chimique : elle peut du jour au lendemain, de bonne qu'elle était, se trouver souillée pour différentes causes. Lorsque les puits se trouvent placés dans le voisinage des fosses d'aisances, les matières fécales peuvent s'infiltrer dans la terre et souiller les puits. Sans penser avec Murchison que l'origine de la fièvre typhoïde est due à la matière fécale, de quelque provenance qu'elle soit, lorsqu'elle est en putréfaction et qu'elle est absorbée par l'intermédiaire des boissons, nous disons avec le professeur Jaccoud que les matières fécales ne deviennent typhoïdes que lorsqu'elles contiennent le poison spécifique : que ce poison prend naissance ou arrive dans les matières qui deviennent alors un agent de génération. Tous ceux qui useront de l'eau d'un puits ainsi contaminé pourront devenir malades. De là des épidémies typhoïdes qui se déclarent le plus souvent en été parce que l'infiltration des fosses et des égouts, la contamination des puits est favorisée par l'abaissement de la nappe d'eau souterraine. L'élévation de la nappe empêche au contraire la dissémination de ces matières dans les eaux potables en les maintenant dans leurs réservoirs habituels. Les maladies épidémiques transmises par l'eau sont nombreuses : je ne veux pas m'arrêter à les énumérer.

« Vous comprendrez donc, monsieur le ministre, en présence de ces résultats, que des filtres adaptés aux puits des casernes rendraient de grands services.

« Si des filtres sont utiles dans les casernes, ils sont indispensables pour nos soldats envoyés dans les colonies. Il y a déjà bien longtemps que l'armée anglaise en possède. Voulez-vous qu'au point de vue de l'hygiène nous restions inférieurs à nos voisins : Dans toutes nos colonies les filtres sont nécessaires. En effet, les cours d'eau, les sources, sont souillés le plus souvent par des êtres microscopiques dangereux. Je vous ai déjà parlé de ce soldat revenu du Tonkin et entré à l'hôpital. Vous savez qu'il est atteint par la *filaria Meduncnsis*. C'est le professeur Léon Lefort qui l'opérera. Voici quelques détails sur cette filaire. Elle ressemble à un fil. Le corps est arrondi, très allongé, effilé aux deux extrémités. Elle passe librement son jeune âge dans l'eau ; le second âge dans le corps d'un crustacé, l'âge adulte et complet sous la peau de l'homme. Dans le tissu cellulaire cutané de l'homme dans les contrées tropicales de l'ancien monde, sa longueur peut atteindre deux pieds et plus. Elle vit dans le tissu cellulaire placée entre les muscles et la peau : quand elle est à maturité sexuelle, elle produit une tumeur. Pour la retirer il faut aller lentement et avec précaution pour éviter de la rompre, parce que les embryons qu'elle contient se répandraient dans la plaie et occasionneraient de sérieux désordres. D'après M. Carter, l'*urolabes palustris*, fréquent dans l'eau saumâtre est la forme jeune de la filaire. Il soupçonne qu'après l'accouplement, la filaire émigre dans le tissu cellulaire sous-cutané de l'homme. On a démontré, récemment, que les embryons de filaires émigrent chez les cyclopides et qu'ils y subissent une mue. Peut-être sont-ils transportés encore contenus dans corps des Cyclopides avec l'eau qui sert de boisson ; peut-être aussi deviennent-ils libres et s'accouplent-ils. La question n'est pas encore tranchée. Dans tous les cas, ce qui paraît à peu près certain — contrairement à l'opinion de Davaine qui voulait que la filaria s'introduisît par la cheville des pieds ; contrairement aussi à cette autre opinion qui faisait sortir la malaria de l'eau pour se coller à la peau — c'est que le *ver de Médine* est dû à l'usage de l'eau que l'on boit : c'est en buvant que l'on s'infeste. Rudolph Fedschenko a entrepris dans le Turkestan des expériences qui semblent décisives. Il est donc urgent, monsieur le ministre, de mettre les troupes de nos colonies à l'abri des ravages de ce dangereux nématode.

* *

Autrefois cette filaria avait été rencontrée en Afrique, surtout sur la côte de Guinée, puis dans le Turkestan et la Caroline du sud ; voici que nous constatons sa présence au Tonkin. Rénuissez donc, monsieur le ministre, le conseil des armées ; demandez-lui son avis. Animé des sentiments du devoir et du patriotisme, ce conseil vous donnera les raisons qui militent en faveur de la thèse que je soutiens. Et si vous êtes arrêté dans vos intentions humanitaires par une misérable question de budget, vous parlerez à nos représentants qui ne marchanderont pas la santé à ceux qui n'ont pas marchandé leur vie pour la patrie. Vous leur montrerez cette armée anglaise composée de mercenaires, et sur la santé de laquelle veille son gouvernement mieux que n'ont veillé sur la santé de nos braves, les ministres de la Guerre vos prédécesseurs. Puisqu'il ne peut y avoir aucune comparaison entre ces deux armées, l'une tout à ses intérêts, l'autre tout à la patrie, il faut que la sollicitude ne manque pas à la plus digne.

« Telles sont ler réflexions que je vous soumets, monsieur le ministre. En dotant notre armée d'appareils à filtrer, vous aurez mérité l'estime et la reconnaissance de la nation, parce qu'en accomplissant votre devoir de ministre de la République, vous aurez protégé la santé de ses enfants. »

Paris, le 25 juillet 1886.

Du Role du Fer dans l'Organisme.

« Je devrais commencer cette Chronique comme La Bruyère ses *Caractères* : « Tout est dit. » Je veux cependant tenter de vous éclairer sur une question délicate qui intéresse à la fois le médecin et le malade. Mon rôle vous semble facile, pensez-vous. Parler à tous une langue compréhensible demande quelque peine. Louis Figuier conte qu'un enfant terrible, un enfant charmant, lui parlait ainsi : « On me dit que tu es un vulgarisateur scientifique. Qu'est-ce que cela ? » Le savant prit dans ses bras l'enfant terrible, l'enfant charmant, et le porta à la fenêtre où se voyait un beau rosier, en l'invitant à en cueillir les fleurs. L'enfant fit sa moisson parfumée, non sans se piquer cruellement aux épines de l'arbuste ; puis, de ses petites mains ensanglantées, il alla distribuer les roses aux personnes présentes. « Tu se un vulgarisateur, dit Figuier à l'enfant, car tu prends pour toi les épines douloureuses et tu donnes aux autres les fleurs. » Moi aussi, comme l'enfant, j'ai pris les épines et je vous donne aujourd'hui les fleurs.

*
* *

Depuis la plus haute antiquité le fer a été utilisé comme médicament. On rapporte que le berger Mélampus traita Yphiclès, fils de Philacus, par de la rouille de fer qu'il lui fit prendre dans son vin ; il le guérit ainsi de son impotence. Mais la faveur légitime dont jouit le fer ne date que de la fin du dix-septième siècle. Le médecin anglais Sydenhan le mit en honneur. Ce célèbre praticien, par des observations longues et nombreuses s'était fortifié dans cette idée qu'il pouvait rendre, dans les affections du système lymphatique et dans toutes celles caractérisées par la faiblesse et l'inertie des organes, des services précieux et indiscutables.

On ne savait point alors, comme de nos jours, que le fer se trouve en telle quantité dans le sang, qu'on pourrait facilement, en le retirant, fabriquer une petite médaille.

Dumas, le premier, entreprit l'analyse du sang : il n'avait alors que dix-huit ans, et son analyse reste la meilleure. Pelouze, après lui, constata que le sang humain renferme 0/0 005 de fer métallique combiné aux globules. Le fer se trouve associé à l'albumine à l'état d'albuminate ferrique. Examinée au microscope, la goutte de sang, à l'état vivant, est formée d'un liquide incolore, c'est le plasma ; de globules rouges, *hématies;* de globules blancs, *leucocytes.* M. Hermann y a découvert le *protagon* azoto-phosphoré, cristallin, principe de toutes les matières animales : jaune d'œuf, pus, cerveau.

Chez les individus sanguins, pléthoriques, les globules rouges abondent ; ce sont, au contraire, les globules blancs chez les chlorotiques. Pour augmenter le nombre des globules rouges, on recommande au malade de prendre, à ses repas, du fer. Le fer, en effet, engendre une pléthore relative en régénérant la partie rouge du sang. Les phénomènes qui se passent alors sont d'ordre purement mécaniques. En quelques mots on les comprendra.

* *
*

Nous voici en présence d'un chlorotique. L'appétit a disparu. L'inertie tient le malade, comme l'ennui l'hypocondriaque. Par l'usage du fer, au bout de quelques mois, de quelques années peut-être, la quantité de matière colorante assimilée dans les hématies s'accroîtra. De plus, chaque globule rouge contiendra bientôt une quantité plus forte de fer. Les globules rouges surchargés de fer fixeront une quantité plus grande d'oxygène.

Vous savez que la respiration est une fonction de notre organisme qui a pour but d'introduire dans notre sang l'oxygène de l'air. C'est cet oxygène qui opère dans notre corps une combustion lente et par suite une production continuelle de chaleur. L'oxygène se trouvant en plus grande proportion dans l'organisme, la chaleur produite sera plus grande. M. Hirn a démontré, il y a longtemps déjà, que l'homme se comporte comme une machine à feu. En consommant la même quantité d'oxygène et créant par conséquent la même chaleur par la respiration, il donnera moins de chaleur aux corps environnants s'il travaille que s'il est en repos.

L'oxygène de l'air sert d'agent de combustion dans notre sang : mais c'est l'aliment que nous digérons qui fournit les éléments combustibles. Si cet aliment vient à manquer, l'air devient inutile : le sang qui circule dans toutes les parties de notre corps entraîne la substance même de nos tissus au contact de l'oxygène qui la brûle ; le corps s'amaigrit, se consume lentement. Vous voyez donc que la chlorose est une maladie plus grave que vous ne le pensez, puisque le chlorotique, prenant généralement peu de nourriture, vit aux dépens de ses tissus.

N'avez-vous pas remarqué que les individus atteints par cette maladie sont d'une mollesse très grande ? Le moindre travail les accable. Évidemment ils sont incapables de tout effort. Un travail un peu vif échauffe notre corps, qui dégage alors plus de chaleur que dans le repos. Mais aussi il consomme plus d'oxygène. Où le chlorotique prendrait-il cette chaleur ? Celle qui résulte de son travail momentané est prise au détriment de sa santé, au détriment de ses tissus ; de là cet affaissement. Donc, pour ramener l'appétit, source de la chaleur et de l'énergie, il faut introduire par petites quantités du fer dans l'organisme. C'est ce fer qui fixe l'oxygène. De plus, le sang artériel très oxygéné surexcite alors l'activité nutritive altérante dans toutes les parties de l'organisme. L'appétit ne tarde pas à revenir. L'inertie fait place à l'activité. Si vous comparez ce sang régénéré au premier, vous constatez que : hors des vaisseaux il se coagule plus promptement ; qu'il forme un caillot plus volumineux, plus lourd, plus résistant. Le sang d'un chlorotique est pâle, les globules ont diminué ainsi que la matière colorante, le fer, les sels, la fibrine. L'eau a augmenté. La coagulation devient prompte mais imparfaite : la densité est très faible. Par l'usage du fer tout rentre dans l'ordre. Les fonctions digestives elles-mêmes s'opèrent mieux, le principe ferrugineux agissant directement sur la muqueuse de l'estomac et des intestins. Sydenham n'avait-il pas raison de le considérer comme le remède spécifique de la chlorose ?

D'après ces quelques considérations, le meilleur mode d'administration du fer vous paraît facile à trouver.

Détrompez-vous. Les médecins ne sont pas d'accord. Galien dit oui ; Hippocrate dit non.

Doctores cegtant : et adhuc sub judice lis est.

8.

Sous quelque état que le fer soit absorbé, introduit dans l'estomac, il se combine à l'acide chlorhydrique et à l'acide lactique. Il se produit aussi une oxydation. Cette action semble avoir lieu aux dépens de l'eau. Vous remarquez, en effet, presque toujours des éructations hydrogénées, après son administration. Le fer serait-il emporté dans le torrent circulatoire à l'état d'oxyde ou de peroxyde ?

Cette hypothèse a conduit quelques auteurs à rechercher la valeur médicale de quelques espèces de fer. Deschamp et après lui Dusart a trouvé que le fer réduit par l'hydrogène contient toujours 12 à 13 0/0 d'oxygène provenant d'un oxyde intermédiaire, inférieur au protoxyde. L'efficacité du fer réduit tiendrait donc à l'oxygène qu'il renferme.

Sans vouloir empiéter sur le domaine de mon éminent confrère, le D' Monin, il me semble que dans les maladies où l'administration du fer est commandée, les eaux contenant en dissolution de l'oxyde de fer sont les meilleures. Les eaux d'Orezza ont une vogue justement méritée. Mais à côté de ces eaux il s'en trouve d'autres possédant une vertu aussi rare. Il y a quelques jours, je parcourais le *Moniteur des Hôpitaux.* Je rencontrais dans le recueil de l'année 1858, l'analyse d'une eau ferru-

gineuse située à Auteuil. La nature m'a créé curieux,
J'allais visiter cette source. Le propriétaire me fit un
accueil aimable : ma curiosité prit son libre cours.
Cette eau, gazeuse, bonne au goût, contient, d'après
Ossian-Henry, 0,715 de protoxyde de fer en dissolution. Elle n'est pas constipante, car elle renferme
0,402 de sels alcalins par litre : à mon avis, c'est là
sa supériorité sur les autres eaux ferrugineuses. Un
jour, j'en suis certain, elle deviendra à la mode.
Dans ce Paris qui broie la santé comme la meule
d'un moulin broie le blé, où l'anémie, sœur aînée
de la phtisie règne en maîtresse, une telle source
n'est pas à dédaigner. Une seule chose m'étonne :
c'est que depuis vingt-huit ans qu'elle a été découverte, la spéculation ne se soit pas mise de la partie. Et cependant ne pourrait-on pas l'exploiter ?
la faire connaître ? Je ne saurais trop la vanter
et la recommander à tous ceux qui sont intéressés à
se soigner. Par ce temps de fraude, n'est-ce donc
rien pour le Parisien affaibli que d'avoir à sa porte
une eau ferrugineuse naturelle ?

* * *

Le fer, vous le savez, est un corps simple, métallique, connu dès la plus haute antiquité. L'histoire

rapporte que Tubal Caïn, fils de Lameth, qui vivait 4,000 ans avant Jésus-Christ, travaillait le fer. Selon la Légende mythologique les Cyclopes ou les Chabyles, petite peuplade d'Asie, auraieut les premiers utilisé ce métal. Moïse, dans ses livres, nous dit qu'on travaillait le fer en Egypte et dans la Palestine. Comment les Egyptiens auraient-ils pu tailler dans le granit et le porphyre ces images qui ont bravé les siècles s'ils n'avaient eu à leur disposition du fer?

Les alchimistes lui donnèrent le nom de Mars; ils supposaient qu'il existait entre cette planète et ce métal des rapports mystérieux. Si par le fer bien des hommes ont péri, bien des hommes aussi ont été guéris grâce à lui. La nature se plaît à ces contrastes. Ce qui procure la mort aux uns est souvent la source de la vie pour les autres.

LE CORAIL.

La vente des joyaux de la couronne donne un regain d'actualité à cette chronique. Le corail sort, comme la perle, du brillant et riche écrin des mers,

C'est un polypier ressemblant à un arbrisseau privé de ses feuilles. Cavolini a remarqué que le polypier du corail pond des œufs. Dès l'année 1784, cet observateur figura ces œufs et vit que sur chaque agrégation des polypes, de nouveaux individus se développent par bourgeonnement et en allongeant, au fur et à mesure qu'ils s'organisent, les ramifications de leur arborisation calcaire. Ici, j'ouvre une parenthèse. Chacun de vous a entendu parler des fontaines pétrifiantes. Une eau contient-elle en dissolution de l'acide carbonique et du carbonate de chaux? Au contact de l'air, l'eau laissera se dégager l'acide carbonique; lentement, le carbonate de chaux se déposera. Placez-vous dans cette eau un objet quelconque? au bout de peu de temps la métamorphose est complète : le carbonate de chaux s'est déposé sur ies contours de l'objet et l'a enveloppé d'une carapace dure et résistante. J'ai vu des nids, des oiseaux, des œufs pétrifiés. Les fontaines pétrifiantes de Brantôme, de Bourdeilles, en Périgord, sont bien connues. Eh bien ! le travail des polypes du corail ressemble assez au phénomène chimique de ces fontaines. Le polype enveloppe tout ce qui l'approche; il s'applique à la surface des corps, les englobe et s'y fixe. D'un côté, il y a acte mécanique; de l'autre, acte vital. Ces polypes vivent. Ils ont pour base un pied dont la forme le plus souvent est celle d'une calotte sphérique. Sur cette calotte s'élève une tige dont la grosseur extrême ne dépasse guère 2 centimètres et demi de diamètre. De cette tige sortent des branches se ramifiant elles-mêmes; elles sont parsemées de cellules contenant chacune un polype, qui, en étendant ses bras ou tentacules, ressemble à une fleur. Cette propriété les avait fait classer parmi les végétaux. Aujourd'hui, on sait que le corail est le produit de ces animaux, qu'on a baptisés avec raison du nom de zoophytes, c'est-à-dire animaux-plantes.

Depuis presque deux siècles, les pêcheurs ont mis à profit cette disposition du corail de se fixer sur les objets et de les envelopper. Ils jettent dans la mer, des poteries, des armes, des petites ancres, des pierres sur lesquelles le corail se développe : ce corail les entoure de sa carapace rose comme dans les fontaines pétrifiantes le carbonate de chaux.

Le corail, vous le pensez bien, a été fabriqué arti-ficiellement. Le marbre en poudre cimenté avec la colle de poisson, coloré avec le vermillon de Chine dans lequel on a mêlé un peu de minium, procure un corail assez beau. Cette façon de procéder coû-tait encore un prix trop élevé. « Les mondes scien-tifiques » ont révélé un procédé de fabrication de .

corail et d'écume de mer artificiels qui a dû conten-
ter par son bon marché, les industriels les plus intéressés. Pour l'écume de mer, on pèle des pommes de
de terre et on les laisse macérer pendant trente-six
heures dans de l'eau acidulée à 8 0/0 d'acide sulfurique. Lorsqu'elles ont été séchées entre des feuilles
de papier buvard, on les comprime dans un bain de
sable chaud sur des plaques de craie ou de plâtre
pendant plusieurs jours. Ces plaques de craie ou de
plâtre doivent être renouvelées tous les jours. La
matière ainsi obtenue peut être facilement sculptée.
Si l'on demande une blancheur, une dureté, une
élasticité plus grande, on fait macérer les pommes
dans une dissolution contenant 3 0/0 de soude, au
lieu d'acide sulfurique. La corne artificielle peut être
produite en exposant les pommes soumises au trai-
tement ci-dessus à l'action d'une dissolution bouillante contenant 19 0/0 de soude. En substituant les
carottes aux pommes de terre, on fabrique le corail
artificiel.

La plus grande partie des objets en ivoire et en
corail ont été façonnés avec de l'ivoire et du corail
ainsi obtenus. Dans une prochaine chronique, je
vous conterai, peut-être, une histoire arrivée dans
un de nos ministères, un soir de réception. Vous ver-

rez que jamais, à aucune autre époque, les bijoux faux n'ont été plus répandus que de nos jours. « Tout ce qui brille n'est pas or » dit le proverbe. Lorsque vous achetez un bijou de prix, malgré toutes les précautions dont vous vous entourez, toutes les connaissances cristallographiques que vous possédez, vous ne pouvez être certain de n'être pas dupé. Le mal, à vrai dire, ne m'épouvante pas. Ce genre de fraude ne me touche pas autant que celui s'exerçant sur les substances alimentaires ou médicamenteuses. La morale seule n'y trouve pas son compte. Le commerçant qui se joue de votre vanité est certainement coupable; celui qui spécule sur votre santé ne mérite aucune pitié. Au premier, j'accorde le pardon ; pour le second, je réclame la sévérité des lois. Mais, s'il convient, lecteurs, de vous mettre en garde contre la fraude du corail, des perles, des bijoux de toutes sortes, il ne sied pas de s'attendrir sur votre infortune, si vous avez été trompé par un bijoutier peu scrupuleux.

LA CORALLINE.

Parmi les questions qui occupent aujourd'hui l'attention et exercent la sagacité des hygiénistes, il faut citer les matières colorantes minérales ou organiques employées à la teinture de certains vêtements. Chaque année, les Sociétés savantes reçoivent communication d'empoisonnements déterminés par la simple application à la surface de la peau de tissus imprégnés de substances colorantes. La mode, à laquelle nous obéissons tous plus ou moins servilement, nous oblige à nous soumettre à l'usage de chaussettes violettes ou rouges de rigueur quand on chausse des souliers découverts. Nous sommes arrivés au cœur de l'été : le moment est propice pour instruire nos lecteurs et les mettre en garde contre des dangers dout il est aisé de se garer.

La coralline ou péonine — de pœonia, pivoine — a été découverte en 1860, par M. Persoz fils. Elle sert en teinture. On la prépare en chauffant à 150° environ, en vase clos, 1 partie d'acide rosolique et 3 parties d'ammoniaque du commerce. L'acide rosolique est un dérivé par oxydation de l'acide phénique. Vous le connaissez tous. C'est lui qui donne cette coloration rosée à l'acide phénique que vous avez précieusement conservé dans le coin de votre étagère. La coralline obtenue de la sorte cristallise en paillettes d'un rouge pivoine à reflets verts ou jaune sombre : elle est insoluble dans l'eau, soluble seulement dans l'alcool et les corps gras. En France, cette substance a été fort peu exploitée. En Angleterre, au contraire, les industriels l'ont utilisée depuis longtemps. Si nos grands fabricants, nos manufacturiers, ont négligé son exploitation, cela tient évidemment aux causes suivantes : les couleurs obtenues au moyen de la péonine ne sont pas solides; les acides même très faibles la font virer au jaune. Or, vous le savez, la peau sécrète constamment une matière acide; la sueur elle-même est acide. Donc les étoffes teintes avec la coralline, si elles sont en contact direct avec la peau, deviennent d'une nuance jaunâtre. Fort probablement ce sont là les raisons qui ont fait abandonner son emploi. Mais en Angleterre on est moins timoré. Ce n'est pas de l'autre côté de la Manche qu'on trouvera la vertu commerciale. On fabriqua donc dès l'année 1866, des tissus teints avec la coralline : on les répandit, par leur bon marché, dans tous les pays étrangers. L'engouement du public pour « l'article anglais » assura en France le succès. Bientôt des empoisonnements se produisirent. De nos jours, des accidents arrivent encore malgré les

avertissements des savants et les conseils désinté-
ressés qu'ils ne cessent de prodiguer.

* *

Alexandre Dumas conte dans un de ses romans une tentative d'empoisonnement sur Charles IX au moyen d'un livre dont on lui fit présent. Les pages avaient été trempées dans une solution arsénicale. L'habitude du roi de feuilleter le livre en mouillant avec sa salive son doigt, devait, espérait le criminel, amener l'empoisonnement. Il n'en fut rien. Le lévrier favori du monarque s'étant un jour, en l'absence de son maître, amusé à déchirer avec sa gueule les pages du livre, absorba le poison et mourut. C'est alors seulement qu'on découvrit la coupable manœu vre. Je ne sais point si cette anecdote est vraie : dans tous les cas, elle est vraisemblable. A cette époque, on ignorait encore l'art d'empoisonner à l'aide de gants, de bas ou de chemises préparés.

* *

Les empoisonnements tentés par ces moyens sont restés longtemps un mystère : la science n'avait pu les éclairer. Mais depuis, nous avons appris que l'absorption par la peau de certaines substances toxiques peut, à la longue, occasionner des perturbations graves dans l'organisme et amener quelquefois la mort. La coralline doit être rangée dans la classe de ces poisons. Elle est très toxique. Injectez sous la peau d'un chien de taille moyenne, une quantité de solution alcoolique correspondant à 20 centigrammes de coralline; l'animal deviendra, dans un intervalle de temps variant entre 12 et 36 heures, triste, abattu; il sera dépourvu d'appétit et en proie à un dérangement intestinal très marqué; il tremblera sur ses jambes, ne pourra plus se soutenir; l'œil sera terne, puis finalement il succombera après une deuxième injection. Avec un lapin, 10 centigrammes suffiront pour entraîner la mort avec les mêmes symptômes. Une grenouille périra avec moins de cinq centigrammes de cette matière colorante. En examinant les organes des animaux empoisonnés vous constatez, comme caractère en quelque sorte essentiel de cet empoisonnement, que les poumons sont teints par la matière colorante et qu'ils présentent dans toute leur étendue une très belle nuance écarlate. Vous pouvez donc être assuré qu'introduite, même à petite dose, dans l'économie vivante, cette substance causerait la mort. Ses effets sur l'homme ont été observés : ils se sont bornés jusqu'ici à une affection locale fort douloureuse et à quelques troubles de la santé générale sans gravité. Mais savons-nous si, dans certaines circonstances, les dangers ne deviendraient pas sérieux? Car on n'a pas encore démontré que les symptômes remarqués à la suite de l'emploi de chaussettes de soie teinte à la coralline, la fièvre, la céphalalgie, les étourdisse-dissements, les nausées aient été provoquées par la violence de l'inflammation locale ou par la coralline absorbée. Dans cette dernière hypothèse — aucune expérience ne l'a jusqu'ici infirmée — l'intoxication et sa gravité dépendraient de la quantité de matière colorante emportée dans la circulation. Bien témé-raire et bien coupable serait celui qui nierait, dans ces conditions, le danger.

*
* *

Le premier empoisonnement par la coralline a été signalé au mois de mai 1868 par Tardieu. Un jeune homme de vingt-trois ans vint le consulter. Il était atteint aux deux pieds d'une éruption vésiculeuse très aiguë et très douloureuse bornée à la partie du pied recouvrant la chaussure. Tardieu rechercha la cause de

l'éruption dans la chaussure portée par le jeune homme. Précisément depuis quelques jours ce malade faisait usage de chaussettes de soie rouge, de nuance très élégante que la mode s'apprêtait à répandre. Le savant médecin-légiste, sans découvrir la nature du poison, resta convaincu que l'inflammation de la peau, constatée par lui, était due à un principe irritant contenu dans le tissu. Quelques mois après cette observation, un professeur de chimie de Rouen remarquait sur lui-même, à la suite de l'usage de chaussettes, d'origine anglaise, présentant sur un fond teint en lilas des lignes circulaires en soie d'un rouge vif, l'inflammation de la peau de ses pieds, inflammation limitée aux parties en contact avec les lignes rouges.

Le tissu fut analysé : la couleur lilas était du violet d'aniline et la couleur rouge de la coralline. En 1869, au mois de février, les journaux de Paris relatèrent un accident de ce genre : une dame américaine ayant porté des bas de soie rouge avait vu ses jambes se couvrir de boutons dont quelques-uns s'ulcérèrent. Elle éprouva même des étourdissements et de vives souffrances. Les observations se multiplièrent. L'année dernière, les mêmes phénomènes furent constatés à Paris. La source du mal connue, il était facile d'y porter remède. On recommande le repos et des applications émolientes. Généralement au bout de deux jours les troubles de l'économie disparaissent ; mais les pieds ne sont complétement guéris qu'après trois semaines environ.

*
* *

Combattre le mal, c'est bien, Le prévenir, cela est mieux. Je vous dirai donc : « Méfiez-vous de la couleur rouge. » Du reste, il ne faut pas être chimiste pour reconnaître dans un tissu la présence de la coralline. Chacun peut expérimenter sûrement sans le secours de quelqu'un. Soupçonnez-vous un tissu d'être teint avec la coralline ? Détachez un fragment de ce tissu et mettez-le à digérer dans quelques centimètres cubes d'alcool à 85° bouillant. Il se décolorera, s'il est teint avec cette substance, très rapidement et presque complètement, et prendra une teinte abricot. En contact avec l'ammoniaque ou la potasse, la couleur rouge de la coralline sera avivée très brillamment : c'est ce qui la distingue de tous les autres rouges d'origine organique. Si, à la suite de l'usage de chaussettes teintes, vous constatez sur votre peau une couleur jaunâtre, bien qu'il n'y ait encore aucune éruption, je vous répéterai : « Méfiez-vous »

.*.

Les exemples d'empoisonnements produits par
des matières colorantes sont nombreux. Le vert de
Schweinfurt a été appliqué à la coloration de certains vêtements, des papiers de tentures. C'était à
cette matière colorante que pensait le chimiste
Raspail, lorsque questionné par le président des
assises, sur la présence de l'arsenic dans les viscè-
res d'un homme empoisonné, pensait-on, avec cette
substance, il lui faisait cette réponse célèbre : « Mais,
M. le Président, je trouverai de l'arsenic même dans
votre fauteuil ». Et Raspail avait raison. On a rencontré le blanc de plomb étendu sur des dentelles.
Je pourrais encore citer d'autres substances qui ont
déjà moissonné trop de victimes. Mon intention est
de prouver l'intérêt considérable qu'il y a pour la
la science de l'hygiène à suivre pas à pas la marche
de l'industrie et à étudier l'influence de celle-ci sur
la santé des hommes. A mon avis, puisque l'on tra-
que les marchands de vins chez lesquels le peuple
s'enivre et ruine sa santé, il serait également nécessaire de surveiller les industriels sans vergogne ven-
dant des tissus empoisonnés, véritables tuniques de

Nessus. L'Allemagne et l'Angleterre se sont tacitement — semble-t-il — liguées contre nous : l'une nous abreuve de ses alcools, l'autre nous vêtit de ses étoffes malsaines. Le seul [moyen de remédier à cet état de choses, c'est de nous garantir nous-mêmes. Il y va, du reste, de notre santé et, sur ce point comme sur beaucoup d'autres, ne laissons le soin de la défendre à personne.

Ne t'attends qu'à toi seul : c'est un commun proverbe.

Sur la Fermentation Panaire.

Un de mes confrères du *Journal de la Santé* consulté par un de ses lecteurs sur les raisons qui poussent les boulangers à mettre de l'urine dans la pâte, a donné des explications qui ne me semblent pas convaincantes. Je dirai même que ces explications tiennent un peu de la fantaisie. Mon savant confrère pense que, peut-être, les bacilles contenus dans l'urine ont des propriétés particulières quant à la fermentation panaire. Est-ce une ironie s'adressant à la théorie microbienne ? Je le soupçonnerais presque. Depuis que l'on rencontre partout des micrococcus et des bacilles; depuis qu'ils nous font vivre et mourir, puisque, d'un côté, ils sont utiles à notre digestion — expériences de M. Duclaux — et aux plantes pour la fixation de l'azote atmosphérique dans les terres — expériences de M. Berthelot — et que, d'autre part, ils nous donnent ces maladies qui nous tuent; certains esprits des plus habiles protestent contre cette tendance actuelle, de faire dériver les moindres phénomènes biologiques de l'œuvre des infiniments petits. Loin de moi la pensée de fermer les yeux à la lumière; les bacilles tiennent une grande place dans la science d'aujourd'hui; les expériences de Pasteur ont prouvé leur intervention; mais est-ce à dire que nous devions *à priori* affirmer leur existence là où l'explication d'un phénomène est à donner? Je ne le pense pas. Il faut d'abord expérimenter.

La conclusion se tire d'après les expériences entreprises. Peut-être est-il sage de soupçonner souvent leur existence? Dans le cas qui nous occupe, pas n'est besoin de faire intervenir dans l'urine un ferment (1) panaire spécial. Mais je ne veux pas me

____

(1). Ces idées ont été développées dans le journal *la Santé*, par le docteur B...

laisser entraîner hors de mon sujet et discuter les raisons qui militent contre cette hypothèse. Je me contenterai d'expliquer comment, selon moi, l'urine agit sur la pâte. Voltaire n'a-t-il pas donné ce conseil prudent :

Glissez mortels, n'appuyez pas.

Les phénomènes qui se passent pendant que la pâte lève, ont reçu du chimiste Fourcroy, le nom de *fermentation panaire.* Plusieurs fermentations se succèdent : il se produit d'abord une fermentation alcoolique suivie quelquefois d'une fermentation lactique et butyrique. Mège-Mouriès a découvert un ferment spécial dans grain de blé auquel il a donné le nom de *céréaline.* Ce ferment qui se rapproche, à certains égards, de la diastase, agit sur l'amidon broyé et le convertit en glycose. Le chimiste russe, Kirloff, avait, quelques années auparavant, remarqué que le gluten modifié par un commencement de décomposition possédait la propriété de saccharifier l'amidon. Si nous faisons intervenir sur cette glycose un ferment spécial, nous voyons qu'elle se convertit en alcoo et en acide carbonique. L'acide carbonique, emprisonné dans la pâte la fait lever : ce gaz est même nécessaire à la cuisson du pain. Grâce à lui une partie de l'eau enfermée dans la pâte se vaporise. N'avez-vous pas observé que la pâte mal levée fournit un pain mal cuit ? A cette fermentation alcoolique succède quelquefois, comme je l'ai déjà dit, la fermentation lactique et butyrique qui rend la pâte diffluente par l'action de ces ferments sur le gluten de la farine. Le pain qu'on obtient alors possède une saveur acide, amère. On peut facilement éviter cette seconde fermentation, en ajoutant de la levure de bière. M. Mège-Mouriès a remarqué qu'une légère addition d'acide tartrique l'entravait.

Lorsque la pâte ne lève pas, les boulangers ont pour habitude de prendre de l'urine ammoniacale et de l'incorporer à la masse. Ils ont le soin de laisser l'urine se corrompre. Si par hasard vous visitez une boulangerie je vous recommande, dans la salle où le pain se pétrit, ce petit vase en ferblanc discrètement placé dans un coin. Voici ce qui se passe dans la pâte quand ils ont ajouté un peu d'urine ammoniacale. L'urée contenue dans l'urine s'est déjà transformée auparavant grâce à la présence d'un ferment spécial le *bacillus ureæ* en carbonate d'ammoniaque. L'urine ajoutée contenant du carbonate d'ammoniaque fera lever le pain. En effet, ce carbonate d'ammoniaque sous l'influence de la chaleur se dédoublera en acide carbonique et en ammoniaque, gaz qui se volatilisera. Il ne restera donc plus que l'acide carbonique qui remplacera celui qui aurait dû se produire dans la fermentation. La pâte contenant de l'acide carbonique en quantité suffisante lèvera.

Telle est l'explication d'un phénomène d'ordre purement chimique. J'ai vu des boulangers plus naïfs se servir, pour arriver à ce même résultat, du carbonate d'ammoniaque du commerce; il est vrai que c'était en province.

On s'est demandé si la fermentation panaire était une fermentation alcoolique. M. Duclaux, le professeur de chimie biologique à la Sorbonne, n'a jamais retiré d'alcool du pain. L'année dernière plusieurs chimistes ont adressé sur ce sujet des communications importantes à l'Académie des sciences. M. Chicandart partage l'avis de M. Duclaux. Pour lui ce n'est pas une fermentation alcoolique. M. Marcano a confirmé cette manière de voir. M. Moussette, lui, a retiré 1.60 0/0 d'alcool en volume du liquide obtenu par la condensation des vapeurs qui s'échappaient d'un four pendant la cuisson du pain. M. Boutroux a trouvé que la fermentation dans le pain était produite par le *mycoderma vini* et un organisme semblable au *saccharomyces* par sa forme, mais dépourvu de tout pouvoir comme ferment. Aussi, selon lui, à côté d'une fermentation qu'on pourrait appeler *peptonique* et qui est de beaucoup la plus importante, il y a place pour une fermentation alcoolique. Acceptons les idées de M. Boutroux : elles nous paraissent les plus justes et les plus raisonnées : pour le moment, et dans l'état actuel de la science, elles méritent quelque crédit.

⁎
⁎ ⁎

Telles sont les réflexions que j'avais à présenter sur la fermentation panaire. Certes, je ne voudrais pas que les boulangers ajoutassent de l'urine dans la pâte ; je ne voudrais pas aussi qu'ils se servissent de farines avariées mélangées de sulfate de cuivre. Mais l'humanité est-elle parfaite? A l'encontre de M. Renan, je crois que jamais elle ne le deviendra.

L'homme bravera toujours les lois dans le but d'augmenter son pécule par des procédés déshonnêtes. Il faut qu'il trompe son semblable : la lutte pour la vie l'exige. Empêchez donc le marchand de vins de mouiller, de frauder le liquide qu'il vous vend : le liquoriste de vous empoisonner ; le confiseur de vous servir des algues et de la gélatine parfumées en guise de confitures ? Prenez-en votre parti, et dites avec Boileau que l'homme

De Paris au Pérou, du Japon jusqu'à Rome

est l'animal le plus sot et le plus égoïste de la création.

CHAPITRE V

CHEVREUL. — PROGRÈS DES SCIENCES
CHIMIQUES.

L'année dernière on a célébré le centenaire de M. Chevreul.

A cette occasion, le *Journal de la Santé* publia la chronique suivante (1) :

Le 31 août on célèbre le centenaire de M. Chevreul. La jeunesse des Écoles, l'Institut de France, l'Opéra lui-même, sur l'initiative heureuse de son aimable directeur M. Gaillard, s'associent à cette fête. L'année dernière, à l'insu du public, tous les étudiants de Paris allèrent saluer leur vénérable doyen. Nous défilâmes deux mille devant lui. Assis

(2) Cette chronique a été publiée dans *l'Estafette* et *le Journal de la Santé* le 31 août 1886.

dans son fauteuil, les larmes plein les yeux, l'auguste vieillard, l'âme brisée par une émotion bien légitime, souriait à tous ces jeunes gens qui acclamaient son passé fait de gloire, d'honneur de dévouement. C'était une fête de famille : le spectacle nous toucha par sa simplicité. Nous nous donnâmes rendez-vous à la même époque de l'année suivante. Si la fête de demain est plus brillante, plus grandiose, les vœux qu'on exprimera à notre aïeul seront-ils plus sincères ?

*
* *

Michel-Eugène Chevreul est né le 31 août 1786, à Angers, patrie de Ménage, du voyageur Bodin, de l'anatomiste Béclard, du statuaire David, illustrations dont la ville peut être fière.

Son père était médecin. Au collège où il remporta de brillants succès, ses maîtres trouvaient plaisir à inscrire à côté de son nom la formule prétentieuse des écoles de cette époque « *puer aureus* ». A dix-sept ans il vint à Paris. Présenté à Vauquelin, celui-ci l'admit comme préparateur dans son laboratoire. Son intelligence, l'affabilité de son caractère ne tardèrent pas à lui concilier toutes les sympathies du savant chimiste. Dans ce laboratoire où la science régnait en maîtresse, où les distances entre le maître et l'élève disparaissaient quand il s'agissait d'établir une vérité scientifique, M. Chevreul reçut ses premières leçons. Là, il put se convaincre que quand un savant parle pour instruire les autres dans la mesure exacte de l'instruction qu'ils veulent acquérir, il fait une grâce ; et qu'on fait une grâce en l'écoutant s'il ne parle même que pour étaler son savoir. Mais Vauquelin savait aussi parfois plaisanter ; l'anecdote suivante, qu'il aimait à conter, amusa longtemps ses élèves. M. Chevreul se la rappelle peut-être : Un jour le premier consul reçoit une lettre toute blanche. Grand émoi dans le clan des courtisans. Tous sont effrayés : les uns supposent une écriture en encre sympathique ; les autres une tentative criminelle. Pour tirer l'affaire au clair, Vauquelin est consulté. Il examine le papier, puis, tout à coup, se rappelant la date du jour, il s'écrie : « Eh mon Dieu, c'est tout simplement un poisson d'avril. » Les courtisans ne partageaient pas son avis. Il n'y eut que lui et ses élèves qui osassent croire qu'on pût ainsi se moquer de la toute puissance. Au commencement du siècle la science n'était point aussi pédante que de nos jours.

On aimait encore à rire. Ne voyait-on pas Gay-Lussac et Thénard saluer gaiement chaque découverte nouvelle en dansant la bourrée au milieu du laboratoire de l'Ecole polytechnique ? M. Chevreul a hérité des idées fines et plaisantes de son maître : comme lui d'une bonté excessive, il a su, par les qualités de son cœur, s'attirer l'estime et la considération publique. Si vous le suivez dans sa longue et laborieuse carrière toujours empreinte d'un grand amour de l'humanité, vous vous assurez que son désintéressement ne peut être comparé qu'à sa modestie. Schiller a dit de la Science : « Pour l'un, c'est une déesse élevée et céleste, pour l'autre ce n'est qu'un animal utile, une vache qui lui fournit du beurre. » M. Chevreul a toujours généreusement livré ses travaux à la publicité. Il n'a jamais voulu spéculer, vendre le fruit de son travail. Un tel homme ne mérite-t-il pas toute votre piété ? Pour lui la science est une déesse élevée et céleste.

* * *

En 1810, M. Chevreul devint préparateur au Muséum d'histoire naturelle. L'année suivante il découvrit l'acide stéarique. Cette découverte est une des plus belles et des plus fécondes de ce siècle. Mais aussi que d'efforts pour aboutir à ces résultats ! La nature n'est-elle point roturière, n'aime-t-elle point les mains calleuses ? La chimie d'alors sortait à peine de l'enfance. Quand M. Chevreul entreprit ses recherches sur les matières grasses, les chimistes croyaient que ces questions qui avaient occupé Scheële, Vauquelin lui-même, laissaient peu de prises à l'investigateur audacieux qui osait les aborder. Ce jeune homme de vingt-cinq ans devait les détromper. En 1811, M. Chevreul obtint l'acide stéarique par la saponification des matières grasses contenant de la stéarine. Pour l'obtenir à l'état de pureté, il recommanda de faire avec du suif un savon de potasse, de décomposer ce savon par l'eau afin de produire du stéarate et du margarate de potasse peu solubles ; de traiter ces sels par l'alcool qui dissout plus facilement le margarate et de décomposer enfin le margarate par un acide. En 1831, MM. de Milly (1) et Motard saponifièrent en grand, au moyen de la chaux et installèrent la fameuse fabri-

(1) En 1888 M. de Milly à qui l'industrie stéarique doit beaucoup de perfectionnements, opéra la saponification calcaire en vase ou sous pression et non plus à l'air libre. De là une grande économie et un rendement plus considérable en glycérine.

que de bougies de l'Etoile, dont la renommée devint bientôt universelle. La chandelle jaunâtre fut remplacée par ces bougies d'une blancheur éclatante : à une lumière confuse succéda une lumière vive. On n'eut plus la mauvaise odeur du suif; on ne respira plus dans une atmosphère fumeuse. Bientôt des fabriques se fondèrent dans les départements : on en compte aujourd'hui, en France, plus de 156, occupant environ 4,000 ouvriers. M. Chevreul a donné la richesse à notre pays : que si nous examinons la production totale de la stéarine, en 1873, nous voyons qu'elle s'éleva à 302,379 quintaux, représentant une valeur de 52,326,085 francs ! L'exportation se chiffra par 7,067,291 francs ! Voilà quel fut le couronnement de ses travaux. De plus, il montra que tous les corps gras naturels sont des éthers de la glycérine, et que sous l'influence des agents qui décomposent les éthers, ils s'assimilent les éléments de l'eau et régénèrent des acides d'une part, de la glycérine de l'autre. M. Berthelot a reproduit des corps gras analogues à ceux que fournit la nature. La glycérine, dont on fait un si grand usage, que Scheele avait découverte n'a été connue que par M. Chevreul.

Si ces travaux lui assuraient une brillante place parmi les savants, les honneurs venaient le chercher dans son laboratoire. En 1824 la place de directeur des teintures et de professeur de chimie à la manufacture des Gobelins étant devenue vacante, tous les suffrages autorisés le désignèrent à l'attention des pouvoirs publics. Deux ans après sa nomination aux Gobelins, l'académie des sciences lui ouvrit ses portes. En 1830, après la mort de Vauquelin, il occupa la chaire de son maître au Muséum. Lui qui avait vécu dans ce sanctuaire au milieu d'une société composée de Geoffroy Saint-Hilaire, Cuvier, Haüy, Brongniart, qui ont renouvelé la face des sciences naturelles, en devenant leur collègue il dut éprouver la douce satisfaction du devoir accompli et un besoin impérieux de travailler encore davantage. Aussi ses communications à l'Académie se succèdent-elles rapidement. Il semble que ce soit à lui qu'ait pensé Cl. Bernard quand il a prononcé ces paroles : « on peut concourir à l'avancement des sciences par deux voies distinctes : 1° par l'impulsion des découvertes et des idées nouvelles ; 2° par la puissance des moyens de travail et le développement scientifique. Dans l'évolution des sciences, l'invention est sans contredit la partie essentielle. Toutefois les idées nouvelles et les découvertes sont comme des graines : il ne suffit pas de leur donner naissance et les semer, il faut encore les nourrir et les développer par la culture scientifique. Sans cela elles meurent ou bien elles émigrent et alors on les voit prospérer et fructifier dans le sol fertile qu'elles ont trouvé loin du pays qui les a vues naître.» M. Chevreul a fait fructifier la graine : il a ouvert la voie aux chimistes ; il a sorti la chimie organique de l'empirisme. La découverte de M. Berthelot déterminant la fonction de la glycérine comme alcool triatomique est une preuve que les idées nouvelles n'ont pas fructifié dans un pays étranger.

Devenu directeur des Gobelins, sa situation nouvelle lui impose des devoirs nouveaux. Il s'occupe des couleurs, de leurs contrastes, de leur alliance et de la graduation de leur nuance. En 1839, il publie un ouvrage fort remarqué et qui est resté hors de pair dans son genre, sur « la loi du contraste simultané des couleurs et de l'assortiment des objets coloriés considéré d'après cette loi dans ses rapports avec la peinture. » La devise de l'ouvrage est cette pensée de Malebranche : « On doit tendre avec effort vers l'infaillibilité sans y prétendre. » Dès les premières pages, il prie le lecteur de ne jamais oublier que telle couleur placée à côté de telle autre en reçoit telle modification. C'est à cette modification qu'il faut attribuer le contraste parfois bizarre des couleurs. Il y a bien longtemps de cela, M. Chevreul assistait à une réception aux Tuileries. Tout à coup, prenant le bras d'un ami qui l'accompagnait à cette soirée, il s'écrie en désignant une dame à la robe écarlate : « Mais voyez donc le bizarre mélange de couleurs. » Chaque jour nous disons comme M. Chevreul (1). Tel contraste nous frappe sans que nous en saisissions les lois. Etablir ces lois, tel était le but que s'était proposé ce savant. D'autres avant lui s'étaient engagés dans cette voie. Buffon

(1) Les physiologistes admettent qu'il y a dans notre organe de la vision 3 éléments nerveux différents ; les uns, excités provoquent la sensation du rouge; les autres la sensation du vert ; les troisièmes celle du violet.

Une excitation quelconque agit-elle sur ce nerf ? Celui-ci entre en activité, « c'est-à-dire qu'il se passe en lui quelque chose qui le met en état d'agir de son côté dans d'autres parties, par exemple sur le cerveau et de provoquer ainsi de sensations et des représentations. »

Donc ce qu'il faut chercher avant tout dans le mélange des couleurs, ce sont des excitations passagères afin de ne pas fatiguer ce nerf.

L'excitation est tout ce qui peut agir sur ce nerf et le faire entrer en activité. La lumière est une excitation pour le nerf optique. La physique nous enseigne, en effet, qu'il faut considérer la lumière comme un mouvement vibratoire et que les différentes sortes de lumières se distinguent par les vibrations. (Rosenthal).

s'y était aventuré un des premiers, puis Scheffer en 1784. Æspinus et Darwin, s'en étaient occupés. Leurs travaux donnaient un appui bien faible à l'expérimentateur nouveau. M. Chevreul chercha à lier ensemble les phénomènes qu'il avait observés : il perdit son temps. Ampère lui disait : « Tant que vos observations ne seront pas résumées en une loi, elles n'auront aucune valeur pour moi. » Dès 1827, il avait communiqué à l'Académie le résultat de ses recherches sur l'influence de deux couleurs juxtaposées. Il prouva que : 1° L'œil a un plaisir à voir des couleurs différentes ; 2° que le plaisir est augmenté si des couleurs vives sont disposées de manière à rappeler à l'esprit un objet agréable. La manufacture des Gobelins fit son profit de ses découvertes. L'éclat dont elle brille aujourd'hui, c'est à M. Chevreul qu'elle le doit en partie ; c'est par l'application de ses lois sur les contrastes qu'elle est restée la première manufacture du monde.

Cependant, son activité trouvait encore à s'exercer sur d'autres questions qui touchent à l'hygiène et qui relèvent du chimiste. Pour assurer la salubrité d'une ville, parmi les moyens à employer, les uns sont préventifs, les autres consistent à empêcher l'insalubrité et à la combattre si elle est déclarée.

Avec les moyens préventifs, on diminue la quantité de matières organiques qui entrent dans le sol. Les autres moyens consistent à planter des arbres dans les villes, parce qu'ils agissent directement sur la terre. Les arbres augmentent la salubrité des terrains, puisqu'ils s'accroissent en y puisant les matières altérables, *causes prochaines ou éloignées d'infection*. Les matières organiques sont converties par *l'oxygène* en eau, en acide carbonique et en azote, prétendait M. Chevreul. Cette combustion lente est produite par des organismes inférieurs et non par l'oxygène, nous le savons aujourd'hui. Il conseillait d'agrandir les rues, les cours des maisons, pour que la lumière y pénétrât librement. Partant d'une idée scientifique fausse, comme il était réservé à M. Pasteur de le démontrer vers 1860, il arrivait à une conclusion conforme aux idées actuelles de tous les hygiénistes. Ses travaux sur ce sujet n'ont pas peu contribué au percement des grandes voies qui embellissent Paris et le rendent salubre.

A cette même date, 1852, il exposait devant ses collègues de l'Institut qui lui avaient décerné le prix de 12,000 francs du marquis d'Argenteuil, pour ses recherches sur les corps gras d'origine animale, des considérations générales sur les eaux naturelles. Il démontra qu'il faut tenir compte pour apprécier la qualité d'une eau potable : de la température de l'eau; de la pression qu'elle supporte ; de son état de mouvement et de repos; de son contact ou de son non-contact avec l'air atmosphérique. Dans sa conclusion il insistait sur l'utilité du conseil que que M. Thénard avait donné aux habitants de la Hollande, d'établir un courant d'air dans les citernes où ils recueillent les eaux pluviales. On sait que les eaux mal aérées ont été accusées de donner le goître. Du reste, elles sont indigestes et occasionnent des maux d'estomac. Les ingénieurs ont profité de ces conseils et les ont mis en pratique.

Je ne veux point entreprendre de noter toutes les communications importantes faites par ce savant. Je ne pourrais suffire à ma tâche. Mon intention a été de montrer que M. Chevreul a toujours travaillé avec l'âpre ardeur qui caractérise son génie. Rien n'a pu l'arrêter. Il a abordé les questions les plus diverses. Depuis son premier ouvrage : *Considérations générales sur l'analyse organique*, paru en 1814, jusqu'à sa verte vieillesse il n'a jamais pris de repos. En 1866, à quatre-vingts ans, il publie son *Histoire des connaissances chimiques*. En 1870 paraît son livre de la *Méthode a posteriori expéri-*

mentale. Vous avez vu ce dont était capable ce savant infatigable : vous l'avez jugé. Voyons le vieillard.

* *

Le voici. Au physique : il est grand, légèrement voûté, les cheveux d'une blancheur de neige. Il porte allégrement son siècle. Son front sillonné de rides est large et puissant : la tête est celle d'un penseur. Gustave Comte disait que dans la plupart des cas, le cerveau userait deux fois le corps. Pour M. Chevreul, c'est la vérité. Si la nature aidée par le temps a affaibli la vigueur de son corps, la vigueur de son intelligence n'a pas périclité. Ajoutez à cela sa bonté, son affabilité et vous aurez le portrait de l'homme au moral. Tel il devait être dans sa robuste jeunesse. Ses élèves ont toujours eu pour lui, avec de l'affection, une respectueuse déférence. Sa vie laborieuse et simple n'a jamais excité la curiosité publique. Ne croyez pas cependant que la volonté, l'énergie lui fassent défaut, vous vous tromperiez. Avez-vous oublié que ce vieillard de quatre-vingt quatre ans, administrateur du Muséum, refusa de quitter Paris au moment du siège? Durant l'année terrible il vécut la vie de tout le monde. Puis oujours à son poste, en 1871, il protesta publiquement, et avec l'énergie d'une âme fortement trempée, contre le bombardement qui causa de véritables ravages dans les serres du Muséum. On le vit, quelques jours après la Commune, se rendant à l'Institut, à travers les rues démantelées, pour exposer à quelques collègues zélés comme lui, les dommages de la guerre civile. Le calme revenu, sans bruit il présida à la réparation des désastres du Muséum jusqu'à l'année 1874. Certain jour de cette même année on apprit subitement qu'il avait donné sa démission de directeur. Les journaux en recherchèrent la cause : la vérité fut dévoilée. On sut que sa démission était provoquée par des choix arrêtés malgré lui et par le refus d'accorder des récompenses à des savants qu'il en jugeait dignes. Le respect qu'on avait pour lui augmenta. Le ministre, jugé sévèrement par la presse libérale, comprit qu'il avait outrepassé ses droits ; qu'il avait obéi à des amis maladroits. M. Chevreul maintint sa démission. L'année suivante, l'injustice fut en partie réparée : nommé grand officier de la Légion d'honneur il attendit, sans l'ombre d'une amertume ou d'un sentiment personnel blessé, sa retraite, qui lui fut donnée le

10 février 1879. Mais il conserva sa place de professeur. Saluons son siècle de labeur et de gloire et espérons que l'année prochaine, nous le verrons présider la réunion de ces étudiants de Paris qui le vénèrent, parce que, à l'intégrité de sa vie que nous nous donnons tous en exemple, il joint l'amour de l'humanité, de la science et une sainte confiance dans l'avenir de la patrie.

Progrès des Sciences chimiques.

Cette année, 1888, M. Chevreul est entré dans sa cent-troisième année. J'ai énuméré les découvertes dues à ce savant; j'ai raconté l'histoire de sa vie laborieuse. J'ai rappelé son ardent patriotisme durant l'année terrible. Ce qui fait l'homme grand, honoré, respecté de tous, ce ne sont pas seulement les découvertes qui ont imposé son nom à l'attention du monde savant, mais bien son profond amour pour la patrie; c'est un patriote capable de tout supporter pour la France; c'est aussi un savant, infatigable toujours en lutte avec la nature. Pour lui l'heure du repos ne sonnera pas encore. Il y a quelques mois à peine n'entretenait-il pas l'Acadé-

mie des sciences, surprise, de la vigueur de son
esprit, de quelques-uns de ses travaux commencés à
l'âge où d'autres ne vivent plus que de souvenirs?
J'aime à me représenter ce savant jetant un regard
sur son passé, depuis son entrée au laboratoire de
Vauquelin, jusqu'à sa direction honoraire du Muséum,
— période de plus de quatre-vingts ans de recherches.
J'aime à me le représenter, dis-je, satisfait de lui-
même, parce qu'il a été un de ces énergiques pion-
niers qui ont le plus contribué à explorer le champ
de l'inconnu. Dans cette trop courte chronique je
voudrais esquisser à grands traits ce qu'étaient les
Science physiques et chimiques, il y a un siècle environ, et ce qu'elles sont devenues aujourd'hui grâce
à la « Puissance mentale » de l'homme, suivant l'expression de Littré. M. Chevreul a assisté à ce mouvement scientifique; il y a pris une part honorable;
c'est là sa gloire et sa consolation.

Turgot dans son « Histoire des Progrès de l'esprit humain » a dit : « Quand les philosophes
eurent reconnu l'absurdité des fables sans avoir
acquis néanmoins de vraies lumières sur l'histoire
naturelle, ils imaginèrent d'expliquer les causes des
phénomènes par des expresssions abstraites..., expressions qui, cependant, n'expliquaient rien, et

dont on raisonnait comme si elles eussent été des êtres, de nouvelles divinités substituées aux anciennes.

Ce ne fut que bien tard, en observant l'action mécanique que les corps ont les uns sur les autres, qu'on tira de cette mécanique d'autres hypothèses que les mathématiques purent développer et l'expérience vérifier ». Connaître les lois des actions mécaniques des corps est un problème qui se posera toujours à nous. Nous pourrons certes trouver des lois, les établir, mais saurons-nous, jamais, quelle force préside à ces manisfestations? Si nous ne sommes plus portés, comme nos ancêtres, à user d'expressions abstraites, si nos connaissances sont plus étendues et plus approfondies, il ne faut pas en conclure qu'il ne nous reste que peu de choses à apprendre.

La théorie du phlogistique établie par Bécher et développée par Stahl nous paraît aujourd'hui ridicule. Peut-être dans doux siècles, les procédés dont nous nous servons pour étudier les corps, les théories chimiques actuellement en vogue, paraîtront tout aussi ridicules à nos descendants. Depuis Pasteur la génération spontanée a fait son temps. Vous rappelez-vous la fameuse discussion qui eut lieu vers 1860 et qui se continua pendant quelques années, entre Pasteur et son plus éminent adversaire, l'hétérogéniste Pouchet? Vous souvenez-vous comment Pasteur prouva à son adversaire que la génération spontanée n'était qu'une hérésie? Pouchet pour créer des microbes, mélangeait le contenu de deux fioles sur la cuve à mercure : le foin bien desséché à l'étuve de la première, était introduit dans l'oxygène et l'azote chimiquement purs de la seconde. Dans ce transvasement toutes les poussières récoltées sur la surface du mercure pouvaient être entraînées par le goulot d'une des fioles. La tension superficielle n'était point découverte. Pasteur avec son intuition merveilleuse la devina. Aussi cette expérience lui permit d'assimiler le résultat obtenu par Pouchet à une découverte annoncée autrefois triomphalement par Van-Helmont. Plaçant de vieux linges dans un pot, Van-Helmont en retirait une souris et s'écriait : Voilà la génération spontanée. Par l'effet de la tension superficielle, Pasteur montrait que l'expérience de Pouchet ne valait pas davantage que celle du médecin belge. Mais il fallait tout le génie de Pasteur pour refuter la génération spontanée, comme il a fallu le génie de plusieurs hommes, pour nous apprendre ce que sont : l'eau, le feu, l'air, etc...

En 1785, Priestley et Lavoisier découvrent l'oxygène. Lavoisier reprenant les expériences de Cavendish, montre ce que c'est que l'eau. Davy, après 1800, prouve que la *terre* n'est qu'un amas de composés métalliques. Il découvre le potassium, le magnésium, le calcium. Trente ans plus tard, Wöhler découvre l'aluminium, et vient donner à ces observations sur la terre toute leur généralité. Berzélius étudie la composition des plantes et des animaux et jette les bases de la chimie organique. Liebig, Dumas, Chevreul nous ouvrent des horizons nouveaux. Par tous ces savants, nous apprenons que le monde est formé par les combinaisons d'un petit nombre de corps simples ; que ces corps — azote, oxygène, carbone, hydrogène — se trouvent répandus dans la seule atmosphère à l'état d'air, de vapeur d'eau ou d'acide carbonique ; que les éléments inorganiques saisis dans l'air ou aspirés dans le sol sont transformés en cellules organisées qui constituent peu à peu et successivement les plantes et les animaux. C'est l'éternelle loi de l'évolution. Les théories des alchimistes ont vécu : on se fait sur toutes choses des idées nouvelles.

Avec Dalton nous apprenons que les éléments se combinent dans des proportions indiquées par les poids relatifs de leurs atomes, ou comme multiples de ses proportions. La chimie devient une science quantitative : l'atome de chaque élément chimique est pesé. Les lois harmoniques de la nature sont trouvées et l'on peut dire justement que tout a été créé en mesure, en nombre, et en poids. Dumas, Stas et Marignac démontrent que les poids atomiques des éléments ne sont ni les multiples ni la moitié de l'unité mais se rapprochent à ce point du multiple de l'hydrogène que cela n'est certainement pas le résultat du hasard. Il est évident que nous ne saurions en donner la raison. L'avenir nous éclairera sur ce point mystérieux. Peut-être nos descendants seront-ils parvenus à décomposer les corps simples. Ils feront alors ces corps simples et le rêve des alchimistes cherchant la pierre philosophale sera réalisé. Et pourquoi pas, je vous le demande? Si, comme les travaux de Dumas, Stas, Marignac, le démontrent, les corps simples sont proches parents de l'hydrogène, si l'atome est une substance qui prend différentes formes par suite de combinaisons illimitées, on peut en conclure que l'atome de l'hydrogène est le même que celui des corps indécomposés jusqu'ici. N'est-ce pas, du reste, l'opinion de Boyle disant « qu'il existe une substance universelle.

commune à tous les corps, substance divisible et impénétrable. » N'est-ce pas celle de Graham quand il dit : « Les différentes espèces de matière que nous savons être des substances élémentaires différentes contiennent peut-être ces mêmes molécules ultimes qui se manifestent dans les différentes conditions de mouvement. L'unité essentielle de la matière est une hypothèse en harmonie avec la pesanteur, qui agit également sur les corps. » Pourquoi les corps simples ne devraient-ils pas leurspropriétés à un arrangement moléculaire différent? En rompant cet arrangement moléculaire, pourquoi ne constitue-rait-on pas des éléments aux propriétés différentes? Pourquoi ce qui se passe pour les corps en la chimie organique ne se passerait-il pas en chimie minérale? Des atomes de corps simples décomposés se combi-nant à l'infini et produisant entre eux des éléments nouveaux. Si l'un des atomes change de place, une combinaison nouvelle se produit. Chaque combinai-son possède des caractères différents. Et ainsi, en étudiant le placement des atomes dans la molécule nos descendants arriveraient mathématiquement et sûrement à reconstituer par synthèse tous les corps simples d'aujourd'hui. Du reste à l'appui de cette thèse, n'avons-nous pas introduit avec Clarke dans la science l'idée d'*isomérie*, d'après laquelle des corps formés des mêmes éléments, unis dans les mêmes proportions, peuvent offrir des propriétés différentes? N'avons-nous pas la loi qui porte le nom d'*isomorphisme* et que nous devons à Mitscherlich? Ces lois ne plaident-elles pas en faveur de notre opinion ?

Quelques esprits chagrins trouveront peut-être que je m'aventure un peu trop dans le champ des hypothèses. Je leur répondrai ceci : que faut-il au gland pour devenir un chêne? Le temps, A la chenille pour devenir papillon? La métamorphose de la chrysalide. Que faut-il pour que la chimie rompant avec les théories du passé arrive à décomposer les corps simples ? Le génie d'un homme et le travail d'une génération de savants.

La chimie minérale se trouve actuellement dans la même phase que celle où se trouvait la chimie organique en 1837. Les chimistes d'alors discutaient pour savoir si l'on pouvait obtenir les composés organiques à l'aide de leurs éléments. Wöhler, en 1828, avait bien obtenu artificiellement l'urée : c'était, disait-on, une exception qui confirmait la règle. On croyait qu'il était impossible d'obtenir des substances organiques plus compliquées. L'acide acétique préparé synthétiquement en 1845 par Kolbe, dément ces hypothèses. Puis viennent les travaux inspirés par la loi de substitution de Dumas, sur l'éthérification de Wiliamson, et parmi tant d'autres ceux de Wurtz et Hoffmann, sur les composés ammoniacaux, de Bayer sur la synthèse de l'indigo, de Graebe et Lubermann sur la synthèse de la matière colorante de la garance ; de Berthelot, Pasteur, et dans ces derniers temps, de Grimaux sur la synthèse d'une substance albuminoïdale simple et du premier sucre fermentescible. Mais, jusqu'où la chimie organique s'avancera-t-elle par synthèse ? « Sans doute, dit M. Roscoë, il en est qui prédisent qu'un jour le chimiste, par une série d'efforts, dépassera la synthèse de l'albumine et transformera les éléments de la matière inanimée en un composé vivant ; mais nous n'en sommes pas encore là. Le protoplasme, cette manifestation la plus simple de la vie n'est pas un composé, mais un assemblage de composés. Le chimiste pourra faire la synthèse des molécules ; mais vouloir faire la synthèse de l'organisation, c'est s'imaginer arriver par la synthèse de l'acide gallique à la production artificielle de la noix de galle. » Oui, il y aura toujours le *nescio quid obscurum* qui toujours rendra nos œuvres inférieures à celles de la nature. Prenez un grain de blé, examinez-le au microscope, analysez-le chimiquement ; puis, après en avoir pris un second que vous aurez soumis au préalable à une température de 80 à 100°, examinez-le au microscope, analysez-le comme vous avez fait du premier. Ces deux grains de blé sont semblables. Mais tandis que dans le premier le germe vital, la vie, si vous le voulez, est à l'état latent, dans le second, ce germe, cette vie a disparu. Et cependant nous ne pouvons saisir, à première vue, cette différence. Nous sommes forcés de mettre les deux grains de blé dans la terre et d'attendre que la germination se produise. Je pense donc, comme M. Roscoë, que la vie ne peut être obtenue synthétiquement parce que les forces qui régissent sa naissance nous échappent complètement. Toutes les synthèses que l'on opérera ne feront qu'établir notre impuissance. Cette barrière qui sépare le monde organisé de la matière organique est bien difficile à briser ; laissons cet espoir aux esprits ardents convaincus du contraire et disons-leur comme le poëte :

..... Cherchez. Il fait nuit.

La chimie biologique est entrée, grâce à Pasteur,

dans une voie nouvelle. Les phénomènes de la fermentation et de la putréfaction sont intimement liés à la vie d'organismes inférieurs. Ces organismes inférieurs s'attaquent non-seulement à notre cadavre, le décomposent en ses éléments premiers, mais encore ils pénètrent dans les cavités de notre corps, envahissent nos tissus et finalement nous tuent. La lutte pour la vie en a fait nos implacables ennemis. Mais comment nous terrassent-ils? Comment arrivent-ils souvent à nous donner de graves maladies, quelquefois à nous vaincre?

La science de la bactésiologie, qui ne date que de quelques années, a abordé ce sujet ; elle a donné des résultats merveilleux et a permis à la chimie biologique de trouver la cause de plusieurs de nos maladies. C'est là le plus grand et le plus bienfaisant progrès accompli dans ce siècle : si la bactériologie a étudié les organismes inférieurs, la chimie a étudié les substances qui produisent les maladies. Selmi de Bologne, en 1876, le professeur Gauthier, en 1870, avaient reconnu que les corps albuminoïdes, en se décomposant, donnent naissance à des bases azotées, analogues aux alcaloïdes produits par les végétaux. On trouve ces bases azotées dans les cadavres. On les a nommés alcaloïdes des cadavres ou *ptomaïnes*.

Mais ces alcaloïdes se produisent aussi dans l'organisme vivant. Le professeur Gautier, qui les a découverts, les a appelés *leucomaïnes*. Aussi la chimie biologique a-t-elle conduit la médecine à « attribuer la nature spéciale des maladies plutôt à l'action infectieuse des substances formées pendant la vie de l'organisme qu'à l'organisme lui-même ; car il a été prouvé que la maladie peut être communiquée par ces poisons, en l'absence de tout organisme vivant. » Ce ne sera pas une des moindres gloires de la chimie biologique que d'avoir exercé une influence considérable sur la science de la pathologie.

La grande figure qui domine dans ce mouvement scientifique est celle de Pasteur. Que nous sommes loin de ses premiers travaux sur l'acide tartrique ! Quel chemin parcouru ! La science bouleversée par ses découvertes ; la plus terrible des maladies domptée ! Et si si ce n'était assez de nous avoir appris à nous défendre contre les infiniments petits, il façonne des élèves qui deviennent des maîtres à leur tour. Chamberlan, Duclaux, Grancher, font des travaux importants. Louis Thuillier trouve la mort et l'immortalité en étudiant le choléra. Autour de lui, dans son laboratoire, au dehors, Pasteur est l'âme, la vie, d'une jeune génération de savants. Les sociétés savantes retentissent, à chaque séance, de son nom et de celui de ses collaborateurs. N'est-elle pas d'aujourd'hui cette communication des résultats de Vignal étudiant l'action qu'exercent, sur un certain nombre de substances alimentaires, les dix-sept espèces de micro-organismes qu'il a isolées l'an dernier de la bouche, et les deux qu'il a trouvées depuis lors? De l'ensemble de ses recherches, Vigna conclut que les micro-organismes de la bouche et des matières fécales, n'ont, mélangés, aucune action sur les aliments, mais que ses recherches justifient l'opinion de Pasteur attribuant une grande importance au rôle des micro-organismes dans la digestion. C'est ainsi que M. Pasteur, en répartissant le travail et en guidant les recherches, peut contrôler les idées qu'il pense justes et scientifiques.

En physique, J. Tyndâll trace le programme qu'il faut remplir : « Le physicien de nos jours est sans cesse en contact avec un merveilleux qui ferait pâlir celui de Milton. Considérez l'ensemble des énergies de notre monde, la puissance emmagasinée dans nos houillères, nos vents et nos rivières, nos flottes, nos armées, nos canons. Que sont-elles?... Elles sont toutes engendrées par une fraction de l'énergie du soleil qui ne s'élève pas à $1/2,300,000,000$ de son énergie totale. Telle est, en effet, toute la fraction de la force de soleil absorbée par la terre, et *nous ne convertissons encore qu'une insignifiante fraction de cette fraction en puissance mécanique.* » Avec l'électricité, nous accomplissons des merveilles. M. Bertholot s'en sert pour opérer la synthèse des corps, et, tout récemment, M. Moissan, pour isoler le fluor. Chaleur, lumière, électricité, son, mouvements, affinités chimiques ne sont que des transformations de la radiation solaire; c'est un fait aujourd'hui démontré. L'avenir, de ce côté, s'ouvre aux hypothèses les plus brillantes. Vous savez, en en effet, que Savart a constaté l'énergie acoustique dans une cascade de goutelettes d'eau, attribuable aux déformations rythmiques de leur mince enveloppe ; que l'énergie électrique due à ces mêmes déformations a été utilisée par M. Lipmann, qui a obtenu soit une machine électrique de débit sensible, soit un moteur électrique transformant en travail toute l'électricité qu'on lui fournit.

En résumé, la science depuis cent ans a marché à pas de géant. Aujourd'hui on pense et on essaie de montrer que les fonctions des êtres vivants sont régies par les mêmes forces physiques et chimiques que celles qui règlent les changements du monde inanimé ; on opère les synthèses réputées auparavant impossibles ; on ne désespère pas de connaître les sources de la vie, de montrer par des preuves l'unité de la matière. Les causes des maladies sont établies. Nous sommes loin cependant de répéter avec M. Berthelot la parole qu'on lui a reprochée un peu trop sévèrement : « La nature n'a plus pour nous de secrets. »

Et maintenant, vous me pardonnerez de vous avoir entretenu en ces quelques lignes d'un sujet si vaste et que j'ai, comme à plaisir, indiqué à bâtons rompus. Si j'avais pu faire naître dans votre esprit le désir d'étudier ce mouvement scientifique, je pourrais m'écrier, moi aussi :

J'ai fait un peu de bien, c'est mon meilleur ouvrage.

PASTEUR.

Il y a quelques années, alors que je rédigeais les chroniques scientifiques d'un journal parisien, j'avais entrepris de faire connaître les travaux de notre grand Pasteur. Aujourd'hui, après avoir assisté à l'inauguration du monument élevé, par souscription publique, pour traiter la rage et la guérir,

11.

il m'est doux de vous entretenir des découvertes de ce savant, tant envié par l'étranger, et insulté chaque jour dans notre pays. Le génie a toujours pour cortège l'implacable jalousie. Il a, aussi, ses fervents disciples. M. Bouley, le professeur au Muséum, disait quelques mois avant sa mort, qu'il n'était plus assez jeune pour être rangé parmi les enthousiastes de Pasteur, mais qu'il n'était pas encore assez vieux pour n'être pas compté parmi ses plus sincères admirateurs. Nous, jeunes gens, qui vivons à une époque où les doctrines pastoriennes sont puissantes ; qui étudions ces découvertes merveilleuses ; qui en constatons chaque jour la bienfaisante importance, nous appartenons aux enthousiastes. Oui, nous sommes de ceux qui ont foi dans la science de Pasteur ; nous sommes de ceux qui croient en lui, parce que sa science est basée sur l'expérimentation la plus sévère et que jamais la jalousie investigatrice de ses adversaires n'a pu la surprendre en défaut.

M. Pasteur est né à Dôle, dans le Jura, le 27 décembre 1822. Il appartient à cette forte race plébéienne d'où sont sortis les Dumas, les Lavoisier, les Hauy. Son père était un vieux soldat de l'Empire. Décoré sur le champ de bataille, son courage ne devait point, hélas ! lui épargner les amertumes de la captivité. On connaît l'histoire de la campagne de 1815. L'héroïsme de nos soldats n'empêcha point l'invasion. Les jours plus calmes revenus, les nuages qui assombrissaient l'horizon s'étant dissipés avec le départ pour Sainte-Hélène, les prisonniers revinrent dans leur patrie. Le père de M. Pasteur, se souvenant qu'il avait été autrefois tanneur, reprit son ancien métier : puis, voulant fonder une famille, il se maria. S'il vous arrive un jour, lecteur, de passer par Dôle, visitez la maison qui fut le berceau de notre vénéré maître. Une plaque fixée sur la maison vous renseignera. C'est là qu'ont été entendus pour la première fois, les ris et les pleurs de celui qui, quarante ans plus tard, devait révolutionner la médecine ; montrer que la théorie vitaliste était un mythe ; prouver que le mot de Lucrèce « nihil ex nihilo » était la vérité scientifique tandis que l'hétérogénie ne se pouvait plus soutenir !

Dans le courant de l'année 1825, la famille Pasteur quitte Dôle et s'installe à Arbois. Sur les bords de la Cuisance, une tannerie étant mise en vente, le père de M. Pasteur l'achète et s'y établit. L'enfant est placé au collège communal. Sa grande intelligence le fait bientôt distinguer de ses maîtres. « Il ira loin », disait le directeur. Contrairement aux enfants prodiges, il tint ce qu'il avait promis. Mais voyez combien la nature est capricieuse : le jeune Pasteur dessinait avec un art extrordinaire. Il semblait que ce fut de ce côté qu'il dût rencontrer la gloire ! Victor Hugo dessinait, lui aussi, avec une rare puissance. Vous souvenez-vous des cris d'admiration arrachés aux visiteurs de ses croquis ! Tous, même les plus grands peintres, affirmaient sa supériorité. Peut-être un jour aurons-nous l'exposition de quelques croquis de Pasteur, croquis qui nous surprendront par leur puissante ébauche. C'est que le génie sait nous rendre visible ce qu'il voit de son œil pénétrant ; il semble qu'une lumière mystérieuse vient illuminer son œuvre. Certaines bonnes gens content même, à Arbois, qu'il est malheureux que M. Pasteur n'ait pas abandonné 'la chimie pour s'adonner à la peinture !

M. Pasteur, après avoir terminé sa philosophie au collège de Besançon, se présenta à l'Ecole normale supérieure, section des sciences, qu'il avait cultivées dans ses heures de loisir. Il fut reçu quatorzième. Il donna sa démission : ce rang ne lui convenait pas. L'année suivante, 1843, il est reçu le quatrième. Le voilà entré à l'École normale.

La science qu'il peut étudier et approfondir à sa guise ne tardera pas à le récompenser de ses efforts. En effet, une note de Mitscherlich, communiquée à l'Académie des sciences, sur le tartrate et le paratartrate d'ammoniaque et de soude, vient piquer sa curiosité.

Hauy, en examinant les débris d'un cristal qu'on avait laissé tomber devant lui, découvre la cristallographie. Pasteur, en lisant cette note, en l'étudiant, s'avance sur la route qui le conduit à la gloire. Dans ces deux substances, — le tartrate et le paratartrate de soude et d'ammoniaque, — concluait Mitscherlich, « la nature et le nombre des atomes, leur arrangement et leurs distances sont les mêmes. Cependant, le tartrate dévie la place de la lumière polarisée et le paratartrate est indifférent ».

Sorti de l'École normale, M. Pasteur poursuit son idée : ne pouvant comprendre que deux substances fussent aussi semblables que le disait Mitscherlich, sans être tout à fait identiques, il cherche la cause de leur différence. Le résultat de ses recherches fut de jeter le fondement de la dissymétrie moléculaire.

M. Biot, appelé à contrôler les expériences du jeune savant, le manda chez lui, et au moment où l'illustre vieillard s'apprêtait à se convaincre lui-même que M. Pasteur ne s'était point trompé dans ses affirmations, Biot lui prit le bras et dit : « Mon cher enfant, j'ai tant aimé la science dans ma vie, que cela me fait battre le cœur. »

Quelque temps après, le même savant, présentant Pasteur à Mitscherlich, s'écriait : « Mon jeune ami, vous pouvez vous vanter d'avoir fait quelque chose de grand en trouvant ce qui a échappé à un homme comme celui-là ». Tels sont les premiers pas de notre maître sur ce chemin glissant de la science.

Mais comment M. Pasteur fut-il amené à étudier les fermentations? Par l'observation suivante : il établit qu'en faisant une solution de paratartrate d'ammoniaque et en y ajoutant une petite quantité de matières albuminoïdes destinées à nourrir le ferment, le paratartrate est décomposé en deux ferments l'un droit, l'autre gauche. Mais le paratratarte droit participe seul à l'acte de la fermentation, ses éléments intervenant pour former d'autres combinaisons, tandis que le tartrate gauche reste inaltéré. Et le voilà lancé dans cette étude. Il établit que les fermentations sont dues à des êtres extrêmement petits, visibles seulement au microscope. Un être différent correspond à chaque fermentation : il étudie la vie de ces petits êtres, leur mode de reproduction, leur développement.

Les fermentations lui apparaissent comme des phénomènes de vie, au lieu d'être, comme on le croyait, de simples phénomènes de mort. Mais d'où provenaient ces êtres différents par leurs formes, par leurs fonctions physiologiques ? nous arrivons alors à la théorie de la génération spontanée, théorie aussi vieille que le monde et qui va se dissiper sous son souffle puissant !

Aristote disait que tout corps sec qui devient humide et tout corps humide qui se dessèche engendre des animaux ; Virgile n'oublie pas de nous apprendre que les abeilles naissent des entrailles corrompues d'un jeune taureau. Quant à Van Helmont, si les idées sur la création du monde, d'après les livres saints, ne lui conviennent pas du tout, il se charge d'expliquer comment les animaux vivants sur la surface de la terre, ont été créés. « Les odeurs qui s'élèvent du fond des marais produisent des grenouilles, des limaces, des sangsues, des herbes et bien d'autres choses encore. » « Creusez, disait-il encore, un trou dans une brique, mettez-y de l'herbe de basilic pilée, appliquez une seconde brique sur la première, de façon que le trou soit parfaitement couvert ; exposez les deux briques au soleil, et au bout de quelques jours, l'odeur du basilic agissant comme ferment, changera l'herbe en véritables scorpions. » Redi, naturaliste italien examina plus attentivement cette question de la génération spontanée. Il observa les vers de la chair en putréfaction et remarqua qu'ils ne naissaient pas spontanément, mais qu'ils étaient des larves d'œufs de mouches. Buffon ne partagea pas cette opinion et défendit l'ancienne théorie. En 1745, deux abbés, Needham, prêtre catholique anglais et Spallanzani se passionnèrent pour cette question. C'est ce dernier qui triompha.

Lorsque M. Pasteur se mit à l'étudier et à la combattre il trouva dans M. Pouchet, de Rouen, un adversaire convaincu et éminent. Ses expériences restées classiques prouvent toutes jusques à l'évidence que la génération spontanée n'existe pas. Toutes les altérations des subtances organiques sont dues à l'organisation, à la reproduction, ou à la vie continuée des cellules des microbes ; tous les changements de composition de ces substances ne sont que des réactions chimiques s'accomplissant par la vie de ces petits êtres. Delà les altérations que subissent nos boissons, comme le vin, la bière.

Mais M. Pasteur, avec cette intuition prodigieuse qui le caractérise, devait faire une découverte plus grande et plus féconde encore. Il avait, dans ses expériences, parfaitement prouvé que l'urine, le sang, retirés directement d'un animal en bonne santé, se conservent indéfiniment au contact de l'air pur, sans que jamais des organismes microscopiques se développassent. Or, en 1850, Rayer et Davaine découvrent, dans le sang d'un animal mort du charbon, de petits corps filiformes sans mouvement spontané qu'on a appelés depuis *Bactéries*. Ces deux savants ne se rendent point compte de l'importance de leur observation.

En 1862, M. Pasteur montre que l'agent de la fermentation butyrique est un bâtonnet de la même forme et de la même dimension que la *Bactéridie*. Il en conclut que ces petits corps filiformes observés par Rayer et Davaine pourraient bien être la cause du charbon. L'étude sur cette bactéridie n'est pas, pour l'instant, poussée plus avant. Une maladie sur les vers à soie s'est déclarée dans le Midi : au point de vue économique il en résulte, pour notre pays, de grands dommages. M. Pasteur veut étudier cette maladie : il abandonne les travaux antérieurement commencés.

Ses recherches aboutissent. La maladie des vers à soie est connue et victorieusement combattue. Cette maladie la *Pébrine* est due à l'existence et au développement à l'intérieur du corps du ver à soie, d'un parasite spécial, visible au microscope : c'est le *corpuscule*. Il envahit les tissus, les pénètre, gêne leurs fonctions et les tue. Le ver malade peut le transmettre au ver sain de trois manières : par piqûre ; par inoculation directe ; par les déjections corpusculeuses dont les feuilles sont salies et que le ver sain doit manger. Cette maladie est donc contagieuse. Elle est aussi héréditaire. En effet, le ver malade la communique à ses descendants en déposant le corpuscule dans les œufs d'où ceux-ci doivent naître. La maladie peut donc se reproduire tous les ans, si des soins attentifs ne sont pas exercés sur les œufs. M. Pasteur découvrit aussi une autre maladie propre aux vers à soie, la *flacherie*. Elle est produite par la fermentation de la feuille dans le canal intestinal.

On comprend que de pareilles découvertes ne s'opèrent pas sans de grands efforts. Notre corps que le cerveau use souvent par son indomptable énergie, finit par s'étioler et se meurtrir. M. Pasteur succomba sous l'effort. L'apoplexie le terrassa. Les soins de sa famille, d'amis dévoués, ramenèrent peu à peu la vie dans ce puissant cerveau mais il dut quitter sa chaire de la Sorbonne et prendre sa retraite. Le gouvernement et l'Assemblée nationale firent un moment trêve à leurs discordes et lui votèrent, dans un touchant élan de sympathie et de reconnaissance, douze mille francs de rentes. C'était peu. Quelques années plus tard, cette pension devait être portée, sur la demande de Paul Bert, à vingt-cinq mille francs. Que si l'on devait considérer les services rendus, cette somme serait faible assurément, mais M. Pasteur est un savant désintéressé et non pas un spéculateur !

La santé revenue, M. Pasteur reprend ses travaux sur le charbon. Il isole la bactéridie charbonneuse, la cultive, et enfin l'atténue. Il donne un procédé général pour arriver à une des plus grandes découvertes des temps modernes, *l'atténuation des virus*. Il montre que le *champ maudit* est le champ où ont été enfouis des animaux charbonneux, et que la bactéridie sortie de terre, grâce au travail incessant des vers, donne aux animaux qui mangent l'herbe sur laquelle elle se trouve, le charbon. Elle n'a point perdu sa virulence.

La première vaccination charbonneuse a été faite, chacun s'en souvient, à Pouilly-le-Port, près de

Melun. A la suite de ces essais, on vaccina, en 1881, trente cinq mille animaux, vaches, bœufs, moutons. En 1882, le nombre s'éleva à quatre cent mille : en 1883, il dépassa un million; aujourd'hui, les vétérinaires de nos communes pratiquent journellement ce genre de vaccination. La mortalité est dix fois moindre sur les animaux vaccinés. Or, savez-vous à quel chiffre cette perte était évaluée avant les travaux de Pasteur? A plusieurs millions de francs. Aussi, un Anglais a pu écrire avec raison que « les découvertes de Pasteur suffiraient à elles seules pour couvrir la rançon de guerre de cinq milliards payés par la France à l'Allemagne en 1870. »

A côté de ces découvertes éminemment profitables à l'humanité, Pasteur étudia la *septicémie expérimentale* produite par un *vibrion mobile*; le rouget, ou mal rouge des porcs occasionnué par un microbe; le *choléra des poules*. Chaque fois le microbe, cause de la maladie, était isolé, cultivé en dehors du corps, et ses propriétés physiologiques soigneusement notées.

Vous connaissez les procédés que notre illustre compatriote a préconisés pour rendre la bière inaltérable. Vous savez que son voyage en Irlande ne fut qu'un long triomphe ; on se souvenait là-bas des

services rendus. Les méthodes employées pour fabriquer le vinaigre ; le chauffage des vins préconisé
par lui ; ce sont là toutes choses sur lesquelles je
n'ai pas besoin d'insister.

Loin de prendre un repos qu'il aurait bien gagné,
M. Pasteur, dans ces dernières années, a étudié la
fièvre typhoïde des chevaux et la rage. Que savait-
on sur la rage ? Rien. Dans les campagnes et même
dans les villes le pauvre homme enragé était abandonné
par le médecin, impuissant contre un mal inconnu.
Un homme était-il mordu par quelque bête enragée ?
Vite, il devenait la proie des vieilles commères. Et
les recettes les plus saugrenues d'aller leur train !
Ici, comme dans la Seine-et-Oise, à Marines ou à
Chars, chez notre confrère le docteur Bonnejoy, on
fabrique une omelette dans laquelle on ajoute quelque poudre inerte, et le patient, après l'avoir avalée,
est sauvé ! Là, on écrit sur un carré de papier les
mots magiques suivants : *iram, cuiram, cafram,*
cafratem, cafratosque; on ajoute ce papier dans
une omelette de six œufs qu'on fait prendre à l'enragé, qui est aussitôt guéri ! D'un côté on recommande l'ail ; de l'autre, les oignons. Et toutes ces
bonnes gens d'ajouter foi à leurs recettes ! Heureu-
seusement que M. Pasteur est venu nous débar-

rasser de toutes ces pratiques dignes du moyen âge.

La rage a son siège dans le système nerveux. C'est dans le bulbe rachidien de tout sujet mort de la rage qu'on trouve l'élément de la virulence rabique. On peut aussi le trouver dans tout l'encéphale, dans le cervelet, dans toute l'étendue de la moëlle. C'est une maladie microbienne. Les recherches de Pasteur le conduisirent non pas à isoler le microbe de la rage — ce microbe n'a pas encore été isolé — mais à cultiver l'élément virulent, à établir son mode d'atténuation. Les premières tentatives furent faites sur les espèces animales suivantes : le chien, le lapin, le cobaye. Elles conduisirent à la constatation de ce résultat, que « l'intensité du virus était susceptible de varier, mais dans un sens ascensionnel, lorsqu'on le fait passer du chien au lapin et au cobaye et qu'on le cultive dans des séries successives de ces derniers animaux. » Le singe, mis à l'épreuve, prouva qu'il était un excellent milieu d'atténuation de la virulence rabique. La rage, inoculée au singe en séries successives, la force de la virulence va en décroissant. « L'application de ces faits, dit M. Pasteur, met entre nos mains une méthode de vaccination des chiens contre la rage. » Le monde savant restait à convaincre. M. Pasteur, après avoir exposé à l'Académie des sciences ces résultats, fit nommer une commission chargée de les contrôler. Des chiens vaccinés antérieurement furent inoculés avec du virus rabique non atténué, c'est-à-dire tel qu'on l'avait pris sur l'animal mort enragé. Ces chiens ne devinrent pas enragés. D'autres non vaccinés et soumis à la même expérience succombèrent à la rage. Bientôt l'occasion fut donnée d'expérimenter sur l'homme. Le succès encouragea M. Pasteur et ses collaborateurs. Le retentissement de ces expériences fut si grand que, de tous les points de l'Europe, les infortunés mordus par des bêtes enragées accoururent à son Laboratoire, qui devint dès lors trop étroit. Dans notre France, les sentiments généreux sont toujours prêts à éclore. Pourquoi, se dit-on, un jour, n'ouvrirait-on pas une souscription publique pour recueillir l'argent nécessaire à la construction d'un Institut où l'on soignerait la rage? Cette idée, aussitôt émise, est aussitôt appliquée. L'argent arrive de tous côtés ; l'amiral Julien de la Gravière se met à la tête de cette manifestation de la charité publique, et bientôt l' « Institut Pasteur » est fondé.

Il semble que la biographie d'un homme ne soit pas complète si l'on ne parle de ses idées philosophiques. Pasteur est spiritualiste. Dans son discours de réception à l'Académie française, il n'a point caché son opinion. On lui en a fait un crime. Quant à moi, chétif, je ne comprendrais pas que Pasteur ne fût pas spiritualiste. Si tout, dans la nature, se réduit à des transformations, est-ce que chaque découverte ne ramène pas la même question : où est le commencement ? Ces éléments primordiaux qui forment l'animal, d'où sont-ils venus ? Comment les expliquer ? Au-delà de cette terre où rien ne se crée, où la vie procède de la vie, Pasteur ne verrait-il rien ? Mais, comme Cuvier, comme Dumas, comme Linné, il aperçoit toujours le créateur. Et peut-être pourrait-on dire de lui sur chacune de ses découvertes, ces paroles poétiques que Linné écrivait à la première page de son *Systema naturæ* : « Eveillé soudain, j'ai vu passer le Dieu éternel, infini, tout sachant, tout puissant ; je l'ai vu passer derrière son œuvre et je suis tombé en extase. »

DES PARFUMS.

Lettre à une Parisienne.

A Madame M....

Chère madame, l'art moderne, pour satisfaire à vos goûts, a trop sacrifié à l'apparence et n'a pas assez tenu compte de la qualité. La qualité? Eh, que vous importe si votre poudre de riz contient du talc ou de l'albâtre, si vos odeurs ne sont pas retirées des plantes. Ce que vous demandez, ce que vous exigez impérieusement, c'est que votre poudre de riz donne à votre peau une blancheur plus éclatante, que vos parfums embaument cette atmosphère dans laquelle se complaît votre charmante personne. Vos parfumeurs ont surmonté les difficultés que vous leur imposiez; ils ont eu recours à la science, et la science a triomphé de vos caprices et de vos exigences.

La poudre de riz dont vous faites un si grand usage, vous la trouveriez sûrement détestable si les parfumeurs n'avaient le soin de vous tromper. Cette poudre renferme habituellement du talc, de l'albâtre, du carbonate de chaux. Si jamais fraude

12

plus grave n'était commise, je ne protesterais pas, car la poudre de riz offrant trop peu de fixité, est promptement enlevée par le frôlement de l'air ou des étoffes. Celle qu'on vous débite sans ce nom oppose, au contraire, une opiniâtre résistance ; malheureusement, pour augmenter encore cette fixité, on ajoute frauduleusement du carbonate de plomb. Ce carbonate de plomb, absorbé par la peau, passe dans le sang et peut, à la longue, occasionner des accidents sérieux.

Quant aux odeurs, presque toutes sont obtenues par synthèse. C'est en combinant des éléments souvent infects, qu'on est parvenu à constituer l'odeur des plantes. On a réalisé ainsi une grande économie et les fabricants ont pu suffire à une consommation journellement croissante. Partout, en effet, on se parfume ; cet usage de se parfumer n'est pas cependant de date récente ; à toutes les époques, dans tous les pays, les odeurs ont toujours été très recherchées. Dans la Grèce classique, les boutiques des parfumeurs étaient converties en salles de réunion. Là, les intérêts de l'Etat y étaient pesés et discutés ; on y racontait les histoires scandaleuses du temps et on disait à Athènes : « Allons au parfum », comme on dit chez nous : « Allons au café ». De la Grèce, cette coutume passa dans Rome. Sous les empereurs, l'amour des parfums pénétra jusque dans les camps.

Les jours de fête, on parfumait les aigles des légions. Au théâtre, durant les représentations, d'étroits tuyaux disposés avec art, lançaient à une hauteur considérable, une suave rosée aromatisée de safran qui retombait ensuite en une pluie très fine sur les spectateurs charmés. En France, on ne se passionna pour les parfums que pendant la Renaissance. Ce furent les Italiens amenés par François Ier et Marie de Médicis qui introduisirent ces goûts à la cour. Diane de Poitiers, au dire des historiens, sut si bien tirer profit de ces usages, qu'elle conserva tous ses charmes, grâce aux cosmétiques et aux parfums dont elle se servit, jusqu'à un âge où ses rivales avaient renoncé à plaire. Sous les Valois on en fit un abus. Louis XIV les proscrivit de sa cour. Nous les retrouvons en honneur sous la Régence. Avec Marie-Antoinette le goût s'épura. Aux odeurs fortes et vives, on préféra la violette et la rose. La Révolution, qui bouleversa tout, modifia profondément cette industrie. Chaque parfum portait un nom bizarre : il y avait les *habits à la guillotine*, la *pommade de Samson*, etc. Sous le Directoire, les belles dames mirent à la mode les bains parfumés de Rome et de la Grèce. Mme Tallien au sortir d'un bain de fraises et de framboises, voulait qu'on la frictionnât avec une éponge imbibée de lait et de parfums (1). Bonaparte (2) lui-même ne put échapper à la contagion : chaque matin il se versait sur la tête et les épaules de l'eau de Cologne. C'est à cette époque mouvementée que la consommation des parfums fut la plus considérable.

Depuis, nos habitudes sont restées à peu près semblables. Les mondaines prennent encore des bains parfumés. Chez la grande dame comme chez la simple ouvrière, sur la table à toilette, la poudre de riz coudoie le Lubin ou le corylopsis. Et cependant, malgré notre engoûment pour les parfums, nous ne savons point en user comme les peuples de l'Extrême-Orient. Les Chinois sont d'un sensualisme autrement raffiné. Ils accordent aux parfums une large place dans leur culte, leurs usages domestiques, leurs plaisirs. Leurs autels sont parfumés avec des bois ou des résines odorantes qu'ils brûlent dans des vases devant leurs divinités. On assure même

(1). Claye. — Talisman de la beauté.
(2). Bonaparte, d'après Mme de Rémusat usait, par mois, 60 rouleaux, environ, d'eau de Cologne.

qu'ils savent préparer certaines boules enivrantes
formées d'ambre, de musc, de fleurs de chanvre et
d'opium mélangées à d'autres substances plus énergiques. Ces boules chauffées et roulées dans la
main jettent dans un volupteux spasme «les beautés
aux petits pieds qui peuplent le Céleste-Empire ».

Cette étude historique vous prouve que votre
amour pour les parfums est bien excusable; j'en
conviens d'autant plus facilement que je ne saurais
vous donner tort. Au reste, je ne comprendrais pas
qu'une femme n'aimât pas les parfums. Si les fleurs
sont les fées du logis, que dire des odeurs retirées
de ces fleurs? Votre appartement, orné de bouquets
odorants, est transformé en jardin toujours gai, en
printemps que l'hiver lui-même respecte et rend
plus délicieux. Abandonnez-vous, pour quelques
instants, ce logis qu'on dirait habité par quelque fée
souriante ? Vous emportez sur vous l'odeur que
vous préférez entre toutes; son parfum vous accom-
pagne, vous donne l'illusion du jardin que vous
venez de quitter. Mais hélas ! la fleur elle-même,
avec son odeur subtile et délicate, cache des dangers
qui peuvent devenir mortels, si l'amour qu'on a
pour elle fait oublier toute prudence.

Ai-je besoin de vous rappeler les accidents occasionnés par des fleurs, des plantes, laissées dans les appartements? Que les odeurs soient retirées des fleurs ou qu'elles soient obtenues artificiellement, respirées sans prudence, elles produisent une espèce d'ivresse qui commence d'abord par une excitation cérébrale assez agréable. De violents maux de tête viennent ensuite, symptômes d'un véritable empoisonnement. Les odeurs artificielles sont peut-être plus dangereuses que les odeurs naturelles. Et cependant dans la parfumerie, comme je vous le disais en commençant, presque toutes les odeurs dont on use sont obtenues synthétiquement. En voulez-vous un exemple ? Prenons l'odeur que vous préférez entre toutes : l'essence d'amandes amères ou plus poétiquement essence de mirbane. Votre sachet, votre poudre de riz, votre savon de toilette répandent cette douce odeur. Cette essence fut obtenue synthétiquement pour la première fois par Mitscherlich, en 1834 ; ce savant chimiste ne comprit pas tout d'abord de quelle importance était sa découverte. Ce ne fut que 20 ans après que la parfumerie utilisa ses procédés. L'Exposition de Londres en 1851, montra que cette industrie française, tout en conservant le premier rang, savait faire siennes les théories scientifiques venues de l'étranger. Aujourd'hui le mode d'extraction grève moins le budget du fabricant : le procédé de Mit-scherlich est suranné. L'acide hippurique a remplacé la benzine. « Rien ne se perd ». Le vieil adage se trouve, une fois de plus, démontré victorieusement. Car la science s'avance majestueusement dans ce dédale de la nature et chaque jour la sûreté de sa marche nous étonne et nous éblouit.

Je pourrais vous indiquer nombre d'autres essences retirées par des procédés semblables. Les éthers capryliques, récemment découverts par M. Bouis, fournissent à la parfumerie une ample moisson d'odeurs aromatiques.

Les parfums nouveaux sont toujours accueillis avec faveur. On a dit qu'être en bonne odeur est un indice de pureté morale. Aussi le docteur Winter voudrait que chaque personne fît choix d'une odeur spéciale dans le sens physique du mot, suivant son âge, ses joies, ses plaisirs. « Pourquoi, dit-il, ne reconnaîtrions-nous pas nos belles amies par les parfums délicieux qui les entourent, comme nous les reconnaissons de loin au doux son de leur voix ? Il est pour chaque caractère une odeur qui semble lui appartenir particulièrement. A la femme spirituelle, le jasmin ; à la femme brillante, le magnolia ; à la femme forte, à la jeune fille dans la première fleur de sa beauté, la rose. Les émanations du citron conviennent mieux aux natures mélancoliques, et il y a dans l'héliotrope comme une note triste qui sied à la veuve. » Mais il y a longtemps que j'ai observé, madame, que les odeurs choisies par les femmes répondaient à la nature même de leur caractère : de même que les blondes savent que la couleur bleu de ciel leur sied bien ; que les brunes recherchent surtout le jaune et le rouge ; que les brunes et les blondes n'ignorent pas que le violet n'est pas favorable à la peau blanche qui prend alors une teinte jaune verdâtre ; de même, les odeurs pénétrantes seront toujours bannies par les femmes douces et aimables ; et les odeurs suaves et légères n'entreront jamais dans le boudoir des femmes brillantes et fortes. Ainsi e commande la nature : les odeurs impressionnent plus ou moins vivement le cerveau, et c'est ce degré d'impressionnabilité, d'irritabilité, que les femmes gravissent à leur insu, qui nous donne un indice sérieux de l'état de leur âme.

Comme conclusion, je vous dirai qu'une hygiène bien entendue doit proscrire les cosmétiques renfermant des substances toxiques ; qu'on ne doit, par conséquent, jamais employer ces poudres dites de riz dont la fixité sur la peau devient un très grand danger ; que les odeurs fortes respirées en quantité peuvent déterminer des céphalalgies intenses, des accidents nerveux graves. Parfumez-vous donc modérément et faites qu'en entrant dans votre boudoir on songe à ces vers du poète :

> Je croyais d'un jardin sentir les douces fleurs
> Exhalant à l'entour leurs suaves odeurs ;
> Ces baumes pénétrants dont un amant fidèle
> Se plaît à parfumer le boudoir de sa belle.

Sur le Cerveau de la Femme.

Madame, c'est à vous que j'en veux aujourd'hui. Non sans ironie, vous m'avez sollicité, dans notre causerie intime sur la valeur morale de la femme, de vous convaincre, preuves à l'appui, que l'auteur de *Tête à l'envers* avait eu raison d'écrire, comme conclusion de son étude, cette phrase qui a blessé vos sentiments féminins les plus chers : « Il ne faut pas plus en vouloir à la femme qui chute qu'à l'arbre dont le fruit est amer ». Oh ! n'éprouvez aucune crainte : je ne veux point faire de psychologie et vous démontrer scientifiquement que toutes vos fautes ont pour cause originelle la constitution de votre cerveau ! Outre que je risquerais de vous importuner et de voir se dessiner sur votre charmant visage quelques rides que je laisse au temps seul le soin d'y tracer, à défaut de compétence, les lecteurs me manqueraient.

Je veux glaner quelques idées émises à travers les siècles sur les femmes, et comme ces idées résultent d'observations souvent répétées, je vous autorise à penser qu'aujourd'hui, plus sages que nos pères et moins irrespectueux, nous sourions de leur erreur et avouons entre nous, tout bas, bien bas, que quelquefois, mais rarement, ils n'étaient pas dupes de leur mauvaise humeur.

Les Pères de l'Église, pour lesquels vous professez un saint respect n'avaient pour la femme ni respect ni politesse. L'un disait : « La femme est un puits d'impuretés » ; l'autre écrivait qu'elle « estait une beste haineuse et malveillante ». Et gravement ils se réunissaient plus tard en concile et cherchaient à élucider cette ténébreuse question : « La femme a-t-elle une âme ? » Ils concluaient non moins sententieusement qu'elle n'en avait pas.

Lorsque j'entends dire que c'est le christianisme qui a rétabli l'égalité dans la famille humaine, je songe au verdict de ce concile devant l'autorité duquel Fénelon n'a pas voulu s'incliner, Fénelon qui proclamait que *le bien est impossible sans les femmes,* et je demeure perplexe sur l'admirable entente des grands de l'Église. Au reste, l'opinion de Fénelon ne saurait tenir contre celle des livres saints : « Perfide comme le *serpent,* capricieuse comme la *chèvre,* dévorante comme le *ver* de l'habit ». « Toute malice est petite comparée à la malice de la femme. »

Telles sont les idées que l'Église professait autrefois sur votre sexe malicieux. Je ne sais si ces mêmes idées y règnent encore, n'ayant ni l'envie ni le loisir de m'éclairer sur ce point.

Il s'est rencontré deux hommes d'un grand talent, qui ont beaucoup écrit sur la femme après l'avoir longtemps pratiquée : j'ai nommé Boccace et Rabelais. Ne vous récriez pas. Je sais tout le respect que je vous dois, et vous faire rougir me serait pénible et cruel. C'est en philosophe que je veux considérer les écrits licencieux de ces deux hommes, débrouiller leur pensée et vous la présenter telle qu'elle se dégage d'un commerce intime avec leurs ouvrages.

Pour Rabelais, qui « ne se soucie d'aucune femme », le cerveau de la femme est léger et n'est susceptible d'aucune perfectibilité. Ce n'est pas lui qui se jettera à ses genoux et entonnera des louanges à sa gloire. Le médecin Roudibilis estime que la nature a fait la femme autant « pour la sociale délectation de l'homme » que pour la « perpétuité de l'espèce humaine ». Et toujours ayant pour elle peu de respect, Rondibilis ajoute : « Certes, Platon ne sait en quel rang il la doive colloquer, ou des animaux raisonnables ou des bestes brutes ». Ce sont là les plaisaneries grossières qui se répétaient un peu partout.

Rabelais était obligé de penser sur la femme ce qu'on en pensait de son temps. Après avoir mis dans la bouche de Rondibilis toutes ces impertinences, en un langage élevé il reconnait qu'elle peut devenir meilleure quand il fait dire à Hippothadée les paroles suivantes sur la fidélité dans le mariage, paroles bien conformes à sa pensée intime :

« Vous trouverez dans les saintes Bibles que jamais votre femme ne sera ribaulde si la prenez issue de gens de bien, instruite en vertus et honnesteté, non ayant hanté ni fréquenté compaignie que de bonnes mœurs, aimant et craignant Dieu, aimant complaire à Dieu par foy et observation de ses saints commandemens, craignant l'offenser et perdre sa grâce par défault de foy et transgression de sa divine loi, en laquelle est rigoureusement défendu adultère, et commandé adhérez uniquement à son mary, le chérir, le servir, totalement l'aimer après Dieu.

Pour renfort de cette discipline, vous, de votre costé, l'entretiendrez en amitié conjugale, continuerez en preud'hommie, luy monstrerez bon exemple, vivrez pudiquement, chastement, vertueusement en votre mesnaige, comme voulez qu'elle de son costé vive. »

Vous voyez donc que Rabelais dans son for intérieur reconnaissait votre vertu, votre honnêteté mais en doutant qu'elles aient dans votre âme des racines profondes. L'exemple salutaire du mari et son autorité étaient nécessaires à leur développement.

Boccace, lui, observa beaucoup les femmes et écrivit surtout pour elles. Et chose remarquable, il les méprisait ainsi que ses ouvrages. « Ayant à parler, dit-il, à de petites femmes ineptes, comme vous êtes, ce serait sottise d'aller à grand'peine chercher et découvrir des chose très exquises, ou mettre un grand soin à parler avec mesure. » Son but est de moraliser ses lectrices. Il avait vécu dans une société frivole et il considérait les femmes commo « d'esprit lent » ; il les voulait « soumises et obéissantes à l'homme qui leur est supérieur en tout. « Mieux vaut un bon porc qu'une belle fille » s'écrie-t-il incivilement. « Un bon cheval et un mauvais veulent de l'éperon ; une bonne femme et une mauvaise veulent du bâton. » Avec ses contemporains il

13

les considère comme des créatures inférieures ; s'il osait il porterait sur elle le jugement d'Erasme : « Un animal inepte et fou, mais au demeurant plaisant et gracieux. »

Ces quelques citations suffisent, madame, à vous édifier sur l'opinion de nos ancêtres à l'égard des femmes. Mais Boccace comme Rabelais savait aussi parfois leur rendre justice. Quand il rencontrait des femmes comme Francesca, la fille de son ami Pétrarque, qui était bonne, simple et honnête, il se laissait aller à l'admirer et à vanter ses vertus. C'est que Boccace n'est pas du tout l'écrivain égrillard que vous vous figurez. Comme dans Rabelais, il faut à travers la légèreté voulue, voir la philosophie profonde du poète italien. Au quatorzième comme au seizième siècle, l'écrivain plus facilement peut se permettre d'étaler les vices en plein soleil, en contant des histoires licencieuses où se reflète l'image de l'époque.

Donc, pour les Pères de l'Église comme pour les plus grands écrivains du quatorzième et du seizième siècle, la femme est un être imparfait. Nous qui considérons la femme comme notre égale en intelligence, qui lui reconnaissons une *âme*, nous mettons toutes ses fautes sur le compte de son cer-

veau. Nous en donnons même l'explication physiologique. Flaubert a dépeint dans *Madame Bovary* ;
Dubut de Laforest dans *Tête à l'envers* ; Zola dans
Une page d'amour, les conséquences psychologiques
d'une hérédité morbide. C'est que chez la femme, la
vitalité du système nerveux est très grande et s'altère
en raison de sa vitalité. Que dire de son excessive
impressionnabilité d'où naît la vivacité ; de la mobilité de ses sensations, de son exquise sensibilité ?
Tous ses organes ont pour trame la substance ner-
veuse. Les qualités et les défauts, les vices et les
vertus ont une origine commune dans une organisation plus affective dont la nature les a douées.
Comment alors ne pas admettre comme vraie cette
pensée que vous ne compreniez pas, que vous refusiez
obstinément de comprendre : « Il ne faut pas
plus en vouloir à la femme qui chute qu'à l'arbre
dont le fruit est amer. »

Nos ancêtres ne pouvaient qu'enregistrer les défauts
et les vertus de la femme et, comme dans toutes
choses, ils étaient plus portés à se souvenir de leurs
faiblesses qu'à noter leurs qualités. S'ils ne lui recon-
naissaient pas une intelligence égale à la leur c'est
qu'ils n'avaient jamais vu une érudite comme Madame
Dacier ou une savante comme la marquise du Châ-

telet qui révéla à la France la théorie de Newton sur le système du monde ! Aujourd'hui les femmes occupent dans notre littérature une trop grande place pour qu'elles aient besoin d'être défendues. Aussi il serait bien mal avisé et bien impudent celui qui tenterait d'affirmer irrévérencieusement que le « cerveau de la femme est fait de cresme de singe et de cervelle de renard ».

Proverbe du seizième siècle qui ferait prendre au dix-neuvième !

LES MIASMES DE L'AIR.

> « L'imagination se lasse de concevoir
> « Plutôt que la nature de fournir. »
> PASCAL.

Depuis Jean Rey et ses savantes dissertations sur les « *Causes* (1) *pour lesquelles le plomb et l'estain augmentent de poids quand on les calcine au contact de l'air;* » depuis le fameux traité de John Mayow (2) : « *De sale nitro et spiritu nitro æreo,* » qui se rapporte à la complexité de l'air; depuis Priestley, Lavoisier, Boussingault, Chevreul, Dumas,

(1) 1629.
(2) 1674.

l'air n'avait été étudié que dans sa constitution chimique. Lorsque, dans l'année 1868, Pasteur prouva que la théorie qui consistait à admettre que toute une classe de matières organiques, les matières plastiques azotées, pouvaient acquérir, par l'influence hypothétique d'une oxydation directe, une force occulte, caractérisée par un mouvement intérieur prêt à se communiquer à des substances organiques prétendues peu stables ; lorsque ce savant prouva, dis-je, que cette théorie ne reposait sur aucune base sérieuse et que la fermentation, la putréfaction et la combustion lente étaient dues, au contraire, à des micro-organismes contenus dans l'air, une voie nouvelle s'ouvrait aux investigateurs, voie d'autant plus intéressante à parcourir que jamais personne ne l'avait explorée. La combustion des matières organiques, disait M. Pasteur dans son rapport à l'Académie des sciences, « devient rapide, considérable, si les matières peuvent se couvrir de mucédinées, de mucors, de bactéries, de monades. Ces petits êtres sont des agents de combustion dont l'énergie variable avec leur nature spécifique, est quelquefois extraordinaire. » Et après avoir démontré que l'urine et le sang conservés dans des ballons privés de germes, ne subissaient aucune altération,

M. Pasteur concluait qu'il venait de porter un dernier coup à la doctrine de la génération spontanée, aussi bien qu'à la théorie moderne des ferments. Quelques années plus tard, Lister avait l'idée d'imaginer son fameux pansement, et la doctrine de la contagion par l'air de certaines maladies rencontrait bon nombre de partisans.

Vous n'êtes pas sans avoir vu ces particules solides contenues dans un rayon de soleil pénétrant dans une chambre obscure. « Ce qui flotte dans le rayon de lumière, écrit M. Pouchet (1), de Rouen, ce ne sont pas les introuvables germes des panspermistes, mais ce sont des débris de notre globe et de sa tunique de verdure, des débris de nos habitations et de notre nourriture, enfin des débris d'animaux mêlés à des débris de notre propre substance. Pour des œufs et des semences, il est impossible qu'il n'y en ait pas aussi, mais on ne les y rencontre que comme de rares exceptions, comme on y rencontre parfois quelques cadavres d'animaux ou de plantes microscopiques. Nous sommes déjà assez effrayés en voyant toutes ces particules qui doivent être humées à chaque instant par

____

(1). *Les corpuscules et les miasmes de l'air.* Rouen, 1870.

nous; mais ne serions-nous pas plus épouvantés
encore si, comme le veulent quelques savants aujour-
d'hui, tout cela n'était composé que de légions
d'œufs ou de spores, dont les produits vont envahir
notre organisme. » A-t-on trouvé des sporés dans
l'air ? Sur ce point, il me semble qu'aujourd'hui la
discussion n'est plus possible : on doit répondre
affirmativement. Je sais bien que Burdach, R. Wagner
et Leuckart, Schaaffhausen, Wymann de Cambridge,
Bechi en Italie, Joly et Pouchet en France, n'ont
rencontré ni œufs ni spores, contrairement à Pasteur
et à Dancer qui affirme, d'après Tyndall, qu'un
décimètre cube d'air contient 15,000 spores (1). Les
observations de M. Miquel, de l'observatoire de

(1). M. Esmarch en lavant une surface limitée de la paroi
d'une chambre d'appartement, a obtenu en ensemençant de
la gélatine de culture, 6391 à 17 colonies par 25 centimètres carré.
suivant la mesure des locaux. Ces résultats demandent confir-
mation.

(2) La théorie des *phagocytes* de M. Metschnikoff — absorption
des bactéries par les leucocytes — *n'étant pas admise par tous
les microbiologistes, nous n'en parlons pas.*

(3) M. Charrin a fait connaître à la société de médecine publique, qu'il résulte de ses expériences que « la surface d'une nappe
d'eau contaminée (bacille pyocyanique) lorsqu'elle est agitée,
cède plus aisément à l'air les germes qu'elle contient ; qu'un courant d'air ascensionnel, passant dans un tube vertical, est capable, dans des conditions déterminées, d'entraîner les germes
fixées sur les parois, surtout s'il sont à l'état de poussière. »

Montsouris, sont, à la fois, intéressantes et concluantes. M. Miquel a constaté que le chiffre moyen des microbes de l'air, faible en hiver, augmente rapidement au printemps, reste à peu près stationnaire en été et diminue en automne. La pluie provoque toujours une augmentation considérable de ces mêmes microbes : on en trouve plus de 100,000 là où on en avait rencontré auparavant 10,000. Pour celui qui connaît la rapidité avec laquelle les microbes se multiplient quand les conditions favorables à leur développement se trouvent réunies, il n'y a pas là de quoi nous surprendre. En effet, pour fixer les idées, prenons un exemple : voici la bactéridie du charbon découverte par Davaine. Cette bactéridie se multiplie par génération asexuée et par scissiparité avec une telle rapidité que ce sagace et patient observateur a noté, heure par heure, les descendants d'un seul de ces petits végétaux :

Une bactéridie donne au bout

de	2 heures.............	2 bactéridies.
	4 —	4 —
	6 —	8 —
	8 —	16 —
	24 —	4.096 —
	48 —	16.777.216 —

60 heures............   1.074.541.824 bactéridies.
72   —   ....   68.609.876.656   —
74   —   ....   137.110.753.312   —

Supposez la spore de la bactéridie charbonneuse entraînée dans l'air et arrivant tout à coup dans le sang d'un animal, bœuf ou mouton. Comme la *virulence*, c'est-à-dire l'ensemble des propriétés malfaisantes des microbes, dépend du nombre de ces microbes et, par conséquent, de la rapidité avec laquelle ils se reproduisent, des matériaux qu'ils enlèvent à nos tissus, des ptomaïnes ou leucomaïnes qu'ils secrètent, alcaloïdes en rapport avec le nombre des microbes, vous comprenez, sans effort de la pensée, que les effets produits par cette spore sont effrayants. Généralisons cet exemple. Voici des spores ballotées par le vent et entraînées par la pluie. Que vont-elles devenir ? Seront-elles détruites selon que le milieu où elles se développent de préférence se modifie ? Point du tout. Si elles sont *aérobies*, c'est-à-dire organisées pour respirer à l'air libre, elles deviennent *anaréobies*, font œuvre de *ferments*. Et, chose remarquable, d'*anaréobies*, elles reprennent leur ancienne fonction de végétal *aérobie* aussitôt qu'elles le peuvent. Eh bien ! voici cette spore *aérobie* introduite dans notre sang : elle va devenir

13.

ferment *anaréobie*, s'emparer de l'oxygène de notre sang, décomposer les éléments chimiques et produire une fermentation pathologique que nous appelons maladie contagieuse, infectieuse, etc.

Certes, dira-t-on, voilà qui n'est pas très rassurant. Les maladies peuvent donc se transmettre par l'air ? (1) Les spores susceptibles de produire ces maladies sont-elles nombreuses ? Les travaux publiés jusqu'ici n'ont jamais fait mention, à ma connaissance, de la présence de microbes pathogènes ainsi rencontrés. Cependant, n'explique-t-on pas la contagion de certaines maladies par l'air ? C'est une explication aisée à donner, mais dont les preuves sont difficiles à fournir. Je ne soutiendrai point que la contagion ne puisse se faire de cette façon : à tout considérer, elle me semble toutefois assez problématique. En effet, voici le virus, le microbe d'une maladie. Pour que ce microbe, ce virus, se répande dans l'air, il faut d'abord qu'il se dessèche pour former poussière. A l'état adulte, c'est-à-dire en voie de repro-

---

(1) Dans un mètre cube d'air Miguel a trouvé à Paris 12,500 germes (Place Saint-Gervais — février 1887).

380 germes (à Montsouris.)

Les maxima de bactéries coïncident avec les hautes pressions et les états hydrométriques faibles.

Avec températures faibles les germes diminuent.

duction par scissiparité ou par bourgeonnement, ce microbe périra sûrement, car, pour se transformer en germes, il lui faut une dessication lente, une température ni trop basse ni trop élevée, un milieu convenable, toutes conditions bien aléatoires. Admettons cependant que les germes se trouvent dans l'air. Malgré le volume d'air relativement considérable que nous respirons, ces germes sont tellement disséminés que nous avons bien quelque chance de ne pas en absorber. En absorbons-nous? Mais nous savons que les germes s'atténuent souvent dès qu'ils vivent dans des milieux articiels, et surtout sous l'influence de l'air, de la lumière, du soleil. MM. Downes et Blunt avaient fait pressentir le rôle important de la lumière comme agent de destruction des germes; les travaux de M. Straus, ceux de M. Arloing, ceux de M. Duclaux ont confirmé ces premiers résultat. Disons donc avec M. Duclaux « que quelques jours, souvent quelques heures d'exposition au soleil suffisent à tuer les germes les plus résistants. La lumière est un facteur important, sinon le seul facteur, de la destruction des germes atmosphériques. » Mais les diverses modifications subies par le *bacillus anthracis*, le bacille du charbon, exposé à l'action de la lumière

qui le transforme en une série de vaccins graduellement atténués, jusqu'à une culture ultime qui
revient de l'insolation incapable de se reproduire,
ces diverses modifications subies par ce bacille sont-
elles subies par les autres virus? Nous ne pouvons
l'affirmer aujourd'hui, mais nous pouvons dire
que la lumière fait subir des modifications chimiques dans les éléments constituants des cellules
vivantes, modifications qui se traduisent par un
changement de propriétés physiologiques. Comme
conclusion, nous prétendons que la contagion par
l'air est très difficile, et que les virus que nous
pouvons absorber sont souvent des virus atténués.

Cependant cette croyance à la contagion par l'air
de certaines maladies nous a valu de la part de
M. Chautemps, membre du conseil municipal de
Paris, un remarquable rapport. M. Chautemps désire,
qu'on crée des hôpitaux d'isolement pour soigner les
maladies contagieuses. Comme « les germes ne
sont pas tous également diffusibles dans l'atmosphère, » l'hôpital serait placé dans l'intérieur de
Paris et entouré d'un mur de 3 à 5 mètres, élévation
suffisante pour garantir les maisons voisines. Je
pense comme M. Chamberland. Je ne comprends pas
du tout des germes qui flottent dans l'air et qui se

répandent seulement à quelques mètres; mais je comprends la contagion se faisant à quelques mètres par des plumes, de la ouate, du coton, emportées par le vent, toutes choses qui se sont imprégnées du virus. La contagion est alors directe (1).

Quelles sont les spores que l'on rencontre dans l'air? Les plus nombreuses, à coup sûr, sont les spores des mucédinées. Qui d'entre vous ne connaît la moisissure qui végète sur les parois humides, sur les confitures, sur les aliments, les feuilles, les fruits ? C'est le *penicillum glaucum* répandu un peu partout. De plus, on trouve les semences de nombreuses productions cryptogamiques, des algues vertes. Pouchet a noté que dans l'atmosphère des villes, la fécule se rencontrait sous les trois états suivants ; fécule normale, fécule bleue et fécule panifiée. On prétend que certains observateurs ont pris ces grains de fécule pour des œufs d'animalcules ! M. Miquel a démontré que dans l'air de Paris les germes de la *torule ammoniacale* étaient répandus en abondance. Cette torule ammoniacale, après

(1) Le d^r Salisbury, médecin de l'Ohio, a affirmé que l'origine des fièvres intermittentes des marais était due à des algues microscopiques qu'il a appelées *benlasma* (miasme terrestre).

quelques cultures successives, devient le *micrococus urew* dans un état parfait de pureté.

Ce que nous savons des miasmes contenus dans l'air est assurément très limité. Dans quelques années, à la suite des recherches fructueuses et de découvertes importantes, nous ne penserons pas peut-être comme aujourd'hui. Du reste, c'est le droit imprescriptible de la science de modifier nos idées. Comme jamais elle n'apporte un programme immuable, qu'elle doit fouiller chaque jour plus profondément dans la nature, il faut bien que nous aussi nous ne disions pas notre dernier mot (1). « Il faut à la science une évolution perpétuelle et comme une agitation révolutionnaire incessante. Si donc notre science contemporaine ne cherche pas dans les régions.... où le progrès l'entraîne, elle sera, dans quelques cents ans, aussi démodée que la scolastique d'Abélard ou la mystique de Paracelse. » C'est pour cela que, quelle que soit la question dont on s'occupe, on ne peut pas toujours se prononcer en pleine connaissance de cause. Allons toujours en avant, je le veux bien ; mais que les hypothèses que nous formulons, les déductions que nous tirons de ces

____

(1) *Revue des Deux-Mondes* 1er mai 1888.

hypothèses, ne nous fassent pas oublier cette pensée de Pascal, inscrite en tête de cette chronique : « L'imagination se lasse de concevoir plutôt que la nature de fournir. » Essayons de lire dans ce livre toujours ouvert de la nature, cela vaut mieux que d'établir des hypothèses ingénieuses.

LAVOISIER.

« La chimie est une science française ; elle fut fondée par Lavoisier, d'immortelle mémoire. » Ainsi s'exprime Wurtz, dans la préface de son Dictionnaire de chimie. Le créateur de la chimie est connu de bien peu de gens. Sa vie n'intéresse qu'un petit nombre. Ses travaux ne sont lus aujourd'hui que par les savants. Celui dont le nom retentira jusque dans la postérité la plus reculée mérite bien qu'on consacre quelques lignes à son souvenir.

« On ne sait rien, dit son nouveau biographe, M. Edouard Grimaux, professeur de chimie à l'Ecole polytechnique, de son existence si bien remplie et toute dévouée à la recherche de la vérité. On ignore ses vertus privées, son dévouement à la chose publique, sa philanthropie intelligente, les services qu'il a rendus à son pays comme académicien, économiste, agriculteur et financier. Les détails de sa mort prématurée sont inconnus, et les historiens ont même pu se demander si le tribunal révolutionnaire, en le faisant monter sur l'échafaud, n'avait pas frappé d'une juste condamnation un avide fermier général. »

Traçons l'historique de la vie de Lavoisier et insistons de préférence sur ses découvertes. Nous apprendrons ainsi à mieux le connaître et partant à mieux l'aimer.

Lavoisier appartenait à une famille plébéienne. Comme le barbier Arkwrigt ou le gardeur de vaches George Stephenson, il ne pouvait se targuer de son origine. Son bisaïeul était postillon ; son aïeul était devenu maître de poste ; quant à son père, la fortune amassée par sa famille lui avait permis d'acquérir de l'instruction et d'obtenir la charge recherchée de procureur au Parlement de Paris. Là, l'avenir assuré, il avait épousé la fille d'un avocat, Mademoiselle Emilie Punctis. C'est de cette union que naquit Lavoisier, la 26 août 1743.

Placé comme interne au collège Mazarin, ou collège des Quatre-Nations, il s'adonna avec ardeur à l'étude des lettres et remporta au concours général de 1760 le prix de discours français. Sorti du collège,

de quel côté va-t-il diriger son activité intellectuelle?
Les sciences qui l'ont tenté vont-elles s'emparer de
lui et l'entraîner vers leur étude ? L'influence de sa
famille et peut-être quelque ambition secrète, le
décident à s'occuper du droit. Cette détermination
ne peut nous surprendre. L'hérédité des charges
contraignait, par intérêt, le fils à remplacer le père.
De plus, c'était parmi les magistrats et les philosophes que se recrutaient, à cette époque, les esprits
les plus éminents qui semaient dans leurs ouvrages
les idées tout à la fois les plus belles et les plus sub-
versives. Lavoisier ne se trouvait point en mauvaise
compagnie. Mais ce n'était pas encore de ce côté qu'il
devait rencontrer sa voie. Son esprit positif ne s'ac-
commodait point de rêves. Nous le voyons alors
abandonner le droit pour étudier les mathématiques
avec La Caille, la botanique avec Jussieu, la miné-
ralogie et la géologie avec Guettard, la chimie avec
Rouelle. Ce dernier, professeur illustre, était toujours
escorté de disciples qui venaient écouter ses leçons ;
parmi ses disciples, il faut citer Diderot.

Après s'être occupé de météorologie, après avoir
publié un mémoire sur différentes espèces de gypse
observées dans les terrains parisiens (1763), il con-
courut pour un sujet de prix, proposé par l'Acadé-

mie, à la demande de M. de Sartines. Paris était mal éclairé ; l'Académie crut bien faire d'exciter le zèle des savants en leur proposant de rechercher « le meilleur moyen d'éclairer, pendant la nuit, les rues d'une grande ville, en combinant ensemble la clarté, la facilité du service et l'économie. »

Il semble que, même de nos jours, l'Académie ferait sagement de remettre cette question au concours.

En 1767, il entreprit avec Guettard un voyage en Lorraine et en Alsace ; à son retour (1768), l'Académie des Sciences lui ouvrit toutes grandes ses portes. Que si quelqu'un d'entre vous se demande pour quelle raison cette faveur de siéger au milieu de savants lui était accordée, sans travaux importants de sa part, l'astronome Lalande aura la franchise de vous renseigner. J'ai voté pour lui, dit-il, « par cette considération, qu'un jeune homme qui avait du savoir et de l'esprit, de l'activité, et que la fortune dispensait d'embrasser une autre profession, serait très naturellement très utile aux sciences. »

L'Académie fut bien inspirée ce jour-là ; si elle ne devait cependant juger ses membres que « par cette considération » de la fortune et de l'esprit, son autorité et sa gloire seraient bien légères.

Quelques jours s'étaient à peine écoulés depuis sa nomination à l'Académie des Sciences lorsqu'il entra dans la ferme générale. Cette ambition devait plus tard lui être fatale (1). L'Académie, qui l'avait élu surtout parce que « la fortune le dispensait d'embrasser une autre profession » et qu'il pouvait à cause de cela « être utile aux sciences », se vit aussitôt lésée dans son espérance.

Les collègues de Lavoisier, à l'Académie, dit M. Grimaux, ne virent pas d'un œil favorable cette détermination ; ils craignirent que ses nouvelles fonctions ne l'éloignassent de la science ; l'un d'eux, le géomètre Fontaine, aux observations de ses collègues, répondit : « Tant mieux ! les dîners qu'il nous donnera seront meilleurs. » Ce bon mot fit rire les graves savants et personne plus ne protesta.

Cependant Lavoisier, tout en ne négligeant pas les devoirs nouveaux que lui impose sa charge, occupe ses loisirs à cultiver la science. Les craintes de ses collègues ne se justifient pas. Sur un rapport adressé à Turgot, il fait établir la régie des poudres (30 mars 1775) et nommer quatre régisseurs. Grâce à lui, nous ne demanderons plus, désormais, de la poudre à l'é-

(1) Lavoisier mourut sur l'échafaud le 8 mai 1793.

tranger. Il rédige une instruction sur l'établissement des nitrières et sur la fabrication du salpêtre. Enfin, il tente de remplacer, dans la fabrication de la poudre, le salpêtre par le chlorate de potasse (muriate suroxygéné de potasse), que vient de découvrir Berthollet. Puis, menant toutes ses occupations et tous ses travaux de front, consacrant six heures par jour aux sciences, un jour entier par semaine aux expériences, le reste de son temps aux occupations de sa charge, s'il est toujours un fermier général modèle, il devient le créateur de la chimie. Son laboratoire attire tous les savants, Là vous trouvez tour à tour les génies qui ont le plus contribué à honorer l'humanité : voici Arthur Young ; voici Franklin, qui a dompté la foudre ; Watt, Ingenhouz, qui découvrit le rôle de la lumière sur les végétaux ; Guyton de Morveau, Darcet, Lagrange, Laplace, Monge, Berthollet, et d'autres encore, qui viennent assister à ces expériences qui confondent les idées reçues et acceptées depuis un siècle (1775).

En effet, Lavoisier, par ses expériences, réfutait impitoyablement la théorie de Stahl. Cette théorie, qui admettait l'existence de corps simples et de corps composés, avait été substituée à la croyance des quatre éléments d'Aristote : l'air, l'eau, la terre, le feu, qui se transformaient, pensait-on, les uns dans les autres. Mais Stahl se trompait entièrement. Il admettait que les métaux étaient des *corps composés ;* leurs *oxydes,* qu'il appelait *leurs terres,* étaient des *corps simples.*

Pour passer à l'état de *métal,* une *terre* se combinait avec le *phlogistique.* La théorie était évidemment fausse, mais comme elle expliquait un grand nombre de faits, elle trompa les plus grandes intelligences et compromit l'avenir. Lavoisier montre que le *métal* qui se transforme en *terre* augmente de poids ; que la *terre* en devenant *métal* perd une partie de son poids. Il observe que le poids acquis ou perdu dans ces transformations est précisément égal à celui de l'oxygène chassé ou fixé. Comme conclusion, il admet que les *métaux* sont en réalité des corps simples et que leurs *terres* ne sont que ces mêmes métaux combinés avec une certaine quantité d'oxygène. Ah ! vous pensez peut-être que les chimistes de l'époque s'étaient rangés aux idées de Lavoisier, que l'hypothèse du phlogistique était abandonnée, hypothèse sur laquelle ce grand homme écrivait en 1783 : « Si tout s'exprime en chimie d'une manière satisfaisante sans le secours du phlogistique, il est, par cela seul, infiniment probable que ce principe n'existe pas, que c'est un être hypothétique, une supposition gratuite. »

Si vous pensez, dis-je, que cette théorie avait vécu, vous vous trompez étrangement. J'ai quelque peine, je l'avoue, à constater que Scheele, qui a fait une foule de découvertes, et parmi elles celles du chlore, de la baryte, de l'oxyde de manganèse, des acides prussique, tartrique, citrique, fluosilicique, gallique, etc. ; que Priestley, qui a créé les procédés dont nous nous servons pour recueillir les gaz et qui découvrit neuf gaz, j'ai quelque peine à comprendre que ces deux hommes aient persisté dans leur erreur toute leur vie. Tous les deux moururent croyant au phlogistique.

Pourquoi cette théorie de Stahl était-elle donc si captivante? Je sais bien que ce sagace expérimentateur avait noté ce fait d'observation, qu'il avait surtout en vue d'expliquer, qu'un corps brûlant perd non pas quelque chose de pondérable, mais de la chaleur et de la lumière. Sur l'augmentation de poids il ne se livrait à aucune réflexion. Ses disciples, ses élèves, confondant la variation du poids et la manifestation calorifique, soutinrent cette absurdité qu'un corps en brûlant perdait une partie de sa matière. Lavoisier, au contraire, n'étudia pas seulement l'aspect des corps brûlés, mais il étudia aussi leur changement dans la forme et dans le poids. Cela lui a permis de dire avec justesse : *Rien ne se crée, rien ne se perd.* Donc, quelle raison empêcha Priestley et Scheèle de voir la vérité dans les travaux de Lavoisier ? Cependant, qui pouvait comprendre les expériences du savant français et les estimer à leur valeur, mieux que ces deux hommes ? L'explication de leur hérésie « c'est que (1), à l'origine de leurs travaux, ils avaient embrassé une théorie séduisante mais fausse, c'est qu'ils avaient pris l'habitude de croire en elle et que cette habitude leur en cachait les erreurs fondamentales en même temps qu'elle les empêchait de voir la vérité, parce que cette vérité était ailleurs. » Bon nombre de savants qui croient à l'infaillibilité de leurs systèmes, ne devraient-ils pas méditer ces lignes et être plus circonspects dans l'appréciation d'idées contraires aux leurs. Quelle leçon nous donne l'histoire des sciences !

Mais revenons aux expériences de Lavoisier. Il avait remarqué que le phosphore, le soufre, en brûlant, augmentent de poids ; que cette augmentation de poids venait d'une quantité prodigieuse d'air qui

(1) M. de Quatrefages.

se fixait pendant la combustion. Il fallait trouver ce gaz fixé pendant la combustion. Les expériences démontrèrent l'existence dans l'air d'un fluide élastique, l'oxygène ; elles établirent aussi que *l'air fixé* de Halles n'était que de l'acide carbonique.

Priestley avait séparé l'oxygène de l'air, mais il n'avait pas su en retirer l'azote. Jean Rey avait, lui aussi, constaté que l'étain augmente de poids quand on le calcine au contact de l'air, mais il n'avait pas su en retirer l'oxygène. Lavoisier analyse l'air et reconnaît qu'il est composé d'un cinquième environ de gaz respirable ou oxygène, qui se combine aux métaux qu'on calcine, et pour quatre cinquièmes environ d'un gaz irrespirable, l'azote. Après ces résultats, il écrivait :

« Je hasarde de proposer aujourd'hui à l'Académie une théorie nouvelle de la combustion, ou plutôt, pour parler avec la réserve dont je me suis imposé la loi, une hypothèse à l'aide de laquelle on explique d'une manière très satisfaisante tous les phénomènes de la combustion, de la calcination et même en partie ceux qui accompagnent la respiration des animaux. »

Il démontre que c'est l'oxygène de l'air qui entretient la combustion et que ce gaz est aussi indispensable à l'entretien d'une bougie qui brûle que d'un animal qui respire.

Rappelons que John Mayow, en 1674, avait publié un traité dans lequel on *lisait* ceci : « L'air est tout à fait nécessaire à l'entretien de la flamme ; toutefois, ce n'est pas l'air tout entier qui l'entretient. C'est la partie la plus active et la plus subtile, car lorsqu'une flamme produite dans un endroit fermé s'éteint, il reste encore beaucoup d'air qui n'a pas été plus détruit par la combustion qu'il ne s'en est échappé au dehors, » Lavoisier donnait l'explication de phénomènes constatés, mais non expliqués avant lui ; les ténèbres se dissipaient ; en introduisant la balance et l'analyse chimique dans cette obscurité, il fait la lumière.

Certes, Lavoisier aurait pu, après ces admirables découvertes, faire œuvre stérile que nous le considérerions encore comme un éminent esprit. Mais son activité, loin de diminuer, augmente sans cesse ; il semble qu'il prévoit l'échéance fatale, le jour où il faudra interrompre ses travaux pour mourir. Et il se hâte de nous tracer les grandes lignes que nous suivrons tous après lui ; et il se hâte de créer la calorimétrie avec Laplace en mesurant et en comparant les quantités de chaleur dégagée dans les

réactions chimiques (1787). Enfin, il crée la physiologie. « Galien (1), Harvey, Lavoisier, voilà les trois
grands noms de la physiologie, et peut-être même
est-ce Lavoisier qui est le plus grand ; car c'est lui
qui a établi le premier, par des expériences irré-
prochables, que la vie est une fonction chimique. »
Que savait-on sur la respiration ? Rien. Il mesure
l'acide carbonique produit par la respiration, et le
comparant à la quantité de chaleur fournie, il cons-
tate que cette quantité de chaleur est plus grande
que celle que donnerait le charbon consommé. Ses
expériences le conduisent à apprécier ainsi l'acte de
la respiration :

« La respiration n'est qu'une combustion lente
de carbone et d'hydrogène qui est semblable en tout
à ce qui s'opère dans une lampe ou dans une bougie
allumée, et sous ce point de vue les animaux qui
respirent sont de véritables corps combustibles qui
brûlent et se consument.

« Dans la respiration comme dans la combustion,
c'est l'air de l'atmosphère qui fournit l'oxygène et
le calorique ; mais comme dans la respiration c'est
la substance même de l'animal, c'est le sang qui

____

(1). Charles Richet.

fournit le combustible. Si les animaux ne réparaient pas habituellement par les aliments ce qu'ils perdent par la respiration, l'huile manquerait bientôt à la lampe, et l'animal périrait, comme une lampe qui s'éteint lorsqu'elle manque de nourriture. »

Puis il détermine les points importants du problème de l'échange gazeux respiratoire ; il voit que la chaleur extérieure diminue la production d'acide carbonique, que l'alimentation l'augmente, que le travail musculaire la fait croître énormément, que la respiration d'oxygène pur ne la modifie en aucune manière. — Que savons-nous aujourd'hui de plus ? On a exploré, assurément, tous ces points d'horizon obscurs qu'il nous a indiqués, mais nul, jusqu'ici, ne s'est aventuré dans une voie nouvelle.

Toutes les expériences de Lavoisier se passaient au grand jour. Chacun pouvait entrer dans son laboratoire et se rendre compte par lui-même de l'originalité de ses travaux. J'ai dit que Lavoisier consacrait un jour par semaine à répéter ses expériences en public, contrôle nécessaire et fructueux. On lit, dans les Mémoires de Madame Lavoisier, les réflexions suivantes sur ce jour consacré aux expériences :

« C'était pour lui un jour de bonheur ; quelques amis éclairés, quelques jeunes gens fiers d'être admis à l'honneur de coopérer à ses expériences, se réunissaient dès le matin dans le laboratoire ; c'était là que l'on déjeunait, que l'on dissertait, que l'on créait cette théorie qui a immortalisé son auteur; c'était là qu'il fallait voir, entendre cet homme d'un esprit si juste, d'un talent si pur, d'un génie si élevé; c'était dans sa conversation que l'on pouvait juger de la hauteur de ses principes de morale; »

Sa modestie, chose rare chez un savant de sa valeur, mérite d'être donnée en exemple. Lisez sa lettre à Black, professeur à l'Université d'Edimbourg, lettre dans laquelle il s'avoue son disciple. Lorsque le génie s'allie à tant de modestie, comment voulez-vous que la vie d'un pareil homme nous soit indifférente !

Et dire qu'il n'a point sa statue! Seraient-ce parce que les savants qui se consacrent aux sciences sont plus oublieux à l'égard des leurs que les hommes de lettres? Ceux-ci n'ont point oublié, Musset, Lamartine; chacun d'eux a sa statue, Balzac aura bientôt la sienne. Nous, qu'avons-nous entrepris pour glorifier le plus illustre d'entre nous ? Avons-nous fait des conférences ? ouvert des souscriptions ? créé, enfin, un de ces mouvements irrésistibles de l'opinion qui répare les injustices et atténue aussi le crime ? Non,

nous n'avons pas bougé. Que M. Grimaux, qui s'est
attaché courageusement à l'étude de la vie de
Lavoisier ; que M. Charles Richet, qui s'est appliqué
à montrer toute l'étendue de ce génie, créent ce
mouvement dont je parlai tout à l'heure ; que l'un
fasse des conférences, que l'autre, par l'autorité qui
s'attache à son nom respecté, à sa profonde science,
ouvre dans la *Revue scientifique* une souscription
publique, et bientôt l'injustice sera réparée, Lavoisier aura sa statue.

TABLE DES MATIÈRES